태양전지를 익숙하게 다룬다

태양전지가 개척하는 신시대

구와노 유기노리 지음
편집부 옮김

BLUE BACKS
韓國語版

太陽電池を使いこなす
太陽電池がひらく新時代
B-912 ⓒ 桑 野 幸 徳
1992
日本國·講談社

이 한국어판은 일본국 주식회사 고단샤와의 계약에 의하여 전파과학사가 한국어판의 번역·출판권을 독점하고 있습니다.

【지은이 소개】

구라노 유기노리 桑野幸德

　　1941년 후쿠오카(福岡)현 출생. 구마모토(熊本)대학 이학부 화학과 졸업. 공학박사. 1963년 산요전기 입사 이래 비결정 물질과 태양전지의 연구에 종사. 현재 이사로 재직. 기능재료연구소장. 일본 태양에너지학회 부회장. 그간 집적형 비결정 태양전지를 발명. 세계에서 최초로 비결정 태양전지의 공업화에 성공. 태양전지에 관한 연구개발 업적으로 과학기술청장관상, 프르라스 상 등 수상. 취미는 테니스와 요가. 저서에 『태양전지와 그 응용』, 『아몰퍼스』, 『태양전지활용 가이드북』등이 있다.

머리말

지구로 무한히 내리비치는 태양 에너지, 이 태양 에너지를 직접 전기 에너지로 바꿀 수 있다면 인류에게 있어 이처럼 멋진 일도 없다. 특히 최근에는 화석연료를 연소시킬 때 발생하는 이산화탄소에 의한 지구의 온난화와 산성비에 의한 산림의 파괴가, 인류가 이 우주선 '지구호'에 살아남을 수 있을지를 의심할 정도로 심각한 문제로 대두되고 있다. 우리들 인류를 키워 온 태양 에너지를 직접 전기로 바꿀 수 있는 장치로서 최근 태양전지가 크게 주목받고 있다.

태양전지는 1973년 오일쇼크 이후 각국에서 정책적으로 개발되어 왔다. 특히 1980년 신형의 아몰퍼스(비결정) 실리콘 태양전지가 공업화되어 탁상전자계산기, 라디오, 시계에 응용되어 우리들 주변에서 흔히 보게 되었다. 본문에서도 설명하겠지만 최근에는 성능도 향상되고 가격도 퍽 싸졌다. 태양전지 기와나 솔라 에어콘 등이 개발되고, 법제도의 정비도 착수되기 시작하였다. 종래의 전자공학(electronics)으로의 응용에서 드디어 전력용으로의 태양전지의 전개가 출범하려고 하고 있다. 바야흐로 태양전지 신시대의 도래이다.

필자는 이미 기술자용으로서 『태양전지와 그 응용』, 『태양전지 활용 가이드북』이라는 제목의 책을 출판하였으나 더 많은 일반사람들이 태양전지를 알기 쉽게 이해하도록 하기 위해 태양전지란 무엇인가, 태양열 이용과는 어떻게 다른가, 태양전지 개발의 현황과 그 성능은 어디까지 향상될 것이며 장래는 어떻게 될 것인가, 어떤 새로운 태양전지가 출현하려 하고 있는가, 자신의 집에 설치하려면 어떤 절차가 필요한가, 태양전지의 가격이나 경제성은 어떠한가, 새로운 태양전지 응용제품에는 어떤 것이 있는가 등에 대해서 집필해 보았다.

필자의 팀 멤버들은 태양전지의 연구개발에 종사한 지 벌써 거의 20년이 된다. 지구환경문제의 심각한 현황을 생각할 때 공해가 없으며 값이 싼 태양전지가 인류에게 유용해지기를 간절히 바라고 있다.

이 책의 마지막 부분에 전세계를 연결하는 태양빛 발전시스템(genesis 계획)을 제안하고 있다. 이 시스템이 완성되면 전세계의 에너지를 태양빛 발전에서 얻을 수 있게 된다. 전세계적 규모의 발전체계를 만드는 것은 지금 당장은 무리이다. 기술의 진보, 사람들의 이해, 국가의 협력이 필요하다. 그러나 그것을 실현하는 것은 인류의 한사람 한사람의 힘이다.

많은 분들이 태양전지에 흥미를 갖고 잘 이해하고서 주변에서 그것을 사용하는 것이 중요하다. 이 책이 한 명이라도 더 많은 사람이 태양전지를 이해하는 데 도움이 되길 바라고, 관심있는 여러 사람들이 태양전지의 개발이나 보급에 참가하여 미래의 태양전지 시대를 창조하는 데 협력하여 줄 것을 진심으로 원하는 바이다.

1992년 3월

구와노 유기노리

차례

머리말 *3*

제 1 장 지구환경과 태양 에너지, 지금 왜 태양전지가 *9*
  1-1 인구의 이상증대와 에너지 소비의 증대 *10*
  1-2 지구환경문제가 발생 *10*
  1-3 대기층의 두께는 불과 1mm? *11*
  1-4 화석연료를 사용하는 데 따른 지구환경 악화 *15*
  1-5 지구에 남은 자원은 이제 얼마 남지 않았다 *19*
  1-6 태양빛 에너지는 60분 동안 전세계의 1년분 에너지를 장만한다 *25*

제 2 장 샘같이 전기가 솟아나는 '태양전지' *31*
  2-1 태양전지는 빛을 전기로 변환한다 *32*
  2-2 태양전지의 성능 *34*
  2-3 태양전지에 의한 발전의 특징 *36*
  2-4 태양전지 개발의 역사 *39*
  2-5 태양전지의 재료와 제조법 *41*
  2-6 태양빛 발전장치란 *54*
  2-7 태양열 이용과 어떻게 다른가 *58*

제3장 여기까지 온 태양전지 61

3-1 태양전지의 성능이 훨씬 좋아졌다 62
3-2 태양전지의 가격은 10년 전의 10분의 1 63
3-3 깃털같이 가볍고, 굽힐 수 있는 태양전지 출현 65
3-4 건축자재와 일체가 된 태양전지 66
3-5 태양전지의 앞으로의 개발과제는 무엇인가 76
3-6 태양전지의 성능은 어디까지 신장될 것인가 77

제4장 태양전지를 이용한 태양빛 발전장치를 사용하고자 하는 사람들을 위해 83

4-1 태양전지로 움직일 수 있는 것 84
4-2 태양빛 발전장치의 손질법과 카탈로그 보는 법 89
4-3 태양전지 응용전자제품이 계속 출현 102
4-4 독립용 전원으로서 계속 실용화 105
4-5 어떤 방식으로 자택에서 사용할 수 있게 하는가 107
4-6 태양전지의 청소는 필요한가
　　 －장치의 유지·관리 110
4-7 태양빛이 쪼이고 있을 때 전기를 사용하지 않으면 발생한 전기는 어떻게 되는가 112
4-8 에너지 저장과 태양전지 113
부록 태양전지 구매문의처 120

제5장 태양전지의 에너지원으로서의 능력 123

5-1 단독주택의 지붕에 태양전지를 설치하면 어느 정도의 전력이 발생하는가 124

5-2 태양전지를 설치하면 일본의 총전력의 30~40%를 충족시킬 수 있다 126

5-3 태양전지는 1년에 1억 7천만kℓ의 석유에 해당하는 에너지를 발생한다 128

5-4 벼농사와 비교하여 60배 변환효율이 좋다 130

5-5 태양전지는 몇 년 정도 사용할 수 있는가 132

5-6 태양전지는 자기증식할 수 있다 134

5-7 태양의 에너지로 어느 정도 이산화탄소를 삭감할 수 있는가 138

제6장 태양전지의 가격과 경제성 141

6-1 태양전지를 설치하면 득이 되는가 142

6-2 태양전지장치를 구비하였을 경우 몇 년으로 원금을 회수할 수 있을까 144

6-3 태양빛 발전의 전기요금은 언제쯤 일반전기요금과 같아지나 146

6-4 남아도는 전기는 팔 수 있는가 150

6-5 표준형 가정의 전기를 충족하는 데 필요한 장치의 가격은 얼마인가 152

6-6 태양전지는 여름의 전력수요가 최고조일 때 매우 효과적이다 153

제7장 태양전지의 새로운 응용 159

7-1 태양에어콘으로 쾌적한 생활을 160

7-2 태양냉장고, 태양깡통압착기, 태양보트 등이 속속

출현 *164*
7-3 태양자동차가 일반도로를 달리는 때는 언제쯤일까 *170*
7-4 태양자동차의 보급으로 석유는 어느 정도 절약되는가 *175*
7-5 태양비행기로 북미대륙 횡단에 성공 *178*
7-6 태양전지의 응용상품, 앞으로 어떤 것이 출현할까 *187*

제 8 장 태양빛 발전과 미래사회 —「제네시스 계획」 *191*

8-1 세계의 태양빛 발전 보급의 실태 *192*
8-2 태양빛 발전의 도입에 있어 무엇이 가장 큰 애로점인가 *199*
8-3 정부개발원조(ODA)로 개발도상국의 에너지 확보를! *201*
8-4 전세계 에너지를 태양전지로 지탱하려면 *203*
8-5 인류를 구하는 전세계 에너지 공급시스템 —「제네시스 계획」 *205*
8-6 제네시스 계획을 실현하려면 *206*
8-7 전인류의 에너지를 제네시스 계획으로 *208*
8-8 언제까지 제네시스 계획을 실현하여야 하는가 *209*
8-9 수소에너지사회「NEWS 계획」 *214*
8-10 우주발전계획 *215*

끝으로 *217*
찾아보기 *218*

1. 지구환경과 태양 에너지, 지금 왜 태양전지가

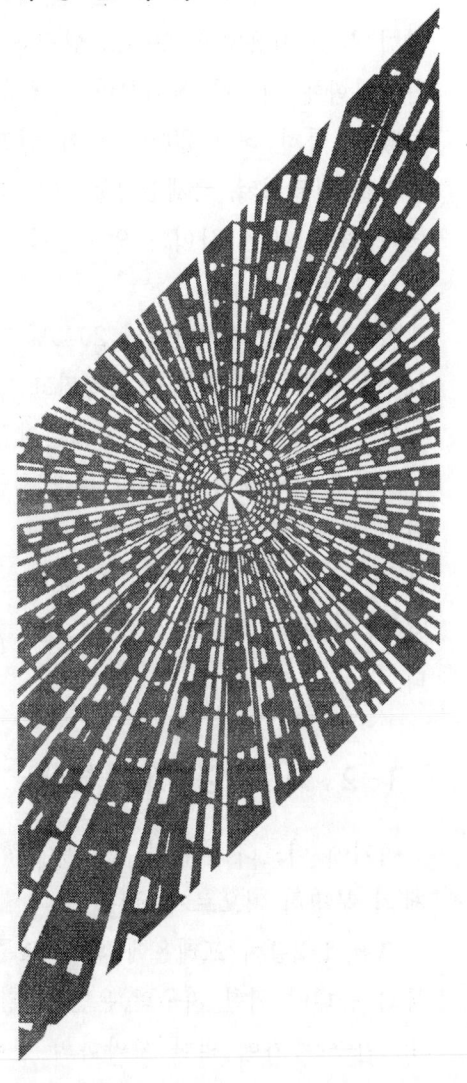

1-1 인구의 이상증대와 에너지 소비의 증대

인류가 탄생한 지 약 400만 년, 그 사이 인류는 그림 1-1 같이 불을 사용하고 도구를 발명했으며, 철을 다루게 되어 근대과학에 기초한 산업혁명을 걸쳐 각종 전자기술을 발명하였다. 특히 최근 200년 사이 인류는 근대과학을 무기로 문명을 발달시켜, 국제연합통계에 따르면 1950년부터 1990년의 불과 40년 사이에 인구를 25억 명에서 53억 명으로 배로 늘렸다.

이대로 계속 증가한다면 2040년경에는 다시 배로 늘어나 100억 명에 이를 것으로 추정되고 있다.

그 사이 인류가 소비하는 에너지량은 그림 1-1같이 기하급수적으로 증대하여 왔다. 특히 최근에는 석탄, 석유, 천연가스 등의 화석연료가 주역을 담당하고 있다. 인류의 활동은 보통 생물인 원숭이나 소 등으로 상징되는 다른 생물적 '종'에 비하여 매우 특이한 형태로 활성화하고 증대하고 있다.

1-2 지구환경문제가 발생

여기에 이르러 인류의 생존에 관한 문제로서 '지구환경문제'가 분명히 떠오르게 된다.

그림 1-2같이 프레온에 의한 오존층의 파괴, 이산화탄소 등의 증대에 의한 지구의 온난화, 황산화물 등에 의한 산성비, 인구 증가에 의한 사막화의 진행 등이 발생하고 있다.

1. 지구환경과 태양 에너지, 지금 왜 태양전지가 *11*

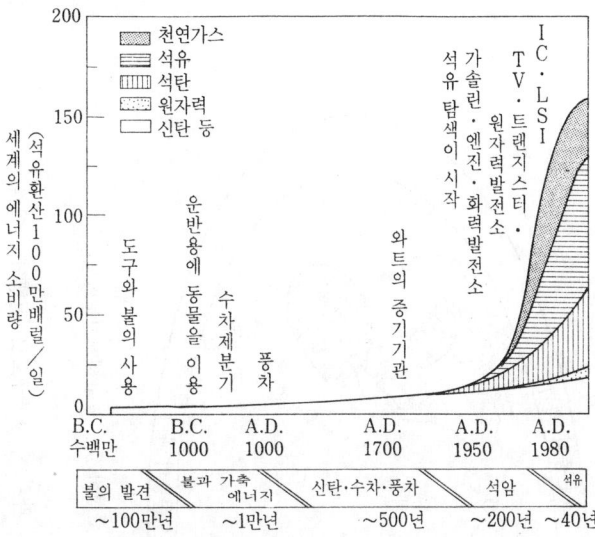

그림 1-1 인류의 에너지 소비의 역사. 1950년경부터 소비량이 기하급수적으로 증대하여 왔다.

지금까지 국지적인 문제로서 대도시의 대기오염이나 특정 지역에서의 공해가 문제가 되어 1970년대에는 공장의 배기가스 규제나 배수 규제, 자동차 배기가스 규제가 이루어졌으나, 이제 우리들 주변에서 일어나고 있는 지구 규모의 환경문제는 예전과 같이 국지적인 것이 아니고 지구 전체의 문제이며 바로 인류 전체의 생존에 관계될 정도로 중대한 문제이다.

1-3 대기층의 두께는 불과 1mm?

우리를 낳고 키워 온 지구에는 기온을 유지하고 구름이나 비를 내리게 하는 대기층이 존재한다.

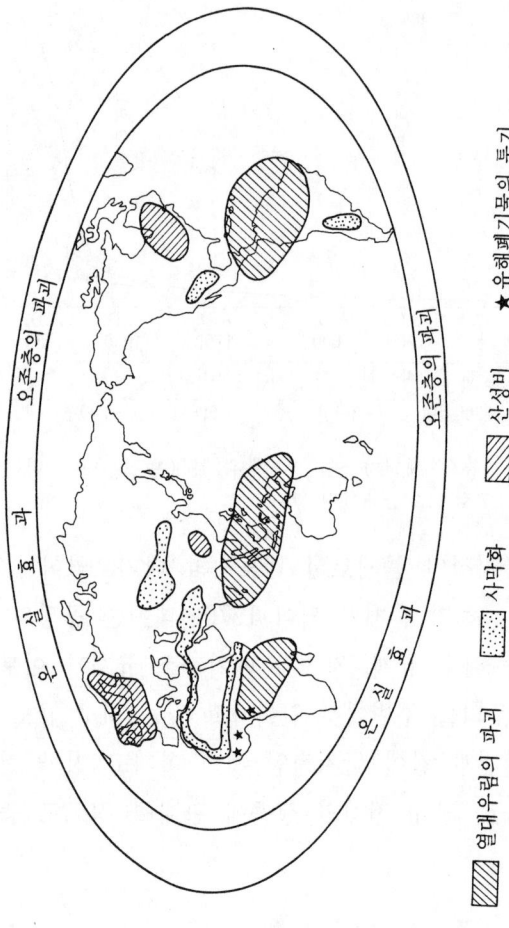

그림 1-2 지구환경문제의 확장. 자연환경의 파괴는 지구규모로 진행되고 있다.

1. 지구환경과 태양 에너지, 지금 왜 태양전지가 *13*

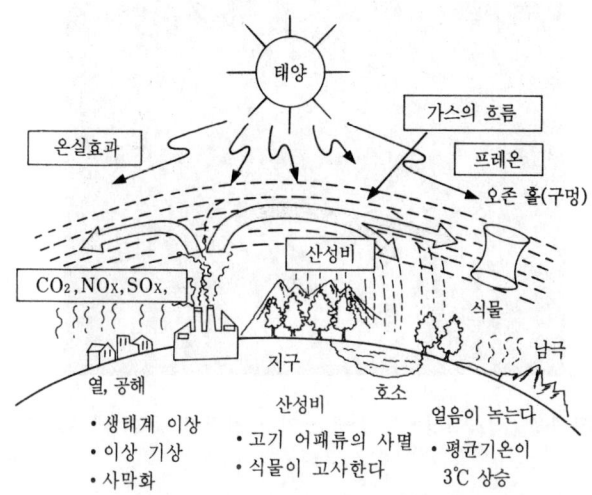

그림 1-3 화석연료 소비가 지구환경에 미치는 영향. CO_2, NO_x, SO_x 등의 배기가스는 대기의 흐름을 타고 지구적 규모로 확산된다.

우리는 그림 1-3같이 지구환경문제를 논할 때가 많다. 이 그림은 지구의 대기층이 꽤 두껍게 그려져 있고, 그 속에서 우리들이 화석연료를 소비하고 있음을 보여준다. 실은 이 그림은 우리들이 큰 착각을 하고 있다는 것을 나타내고 있다. 즉 실제의 지구 대기층은 이렇게 두껍지 않다.

지구의 지름 1만 2700km를 약 1m로 축소하면 그 표면에 존재하는 대기층(대류권) 12km는 불과 1mm가 된다. 실제로 우리들은 일상적으로 그 사실을 안다. 그것은 인공위성에서의 사진이다. 사진 1-1같이 우주에서 본 지구의 윤곽은 참으로 뚜렷하게 대기층이 매우 얇다는 것을 나타내고 있다. 이 얇은 대기층에 우리는 석유나 석탄 같은 화석연료

사진 1-1 인공위성에서 촬영한 지구. 윤곽이 뚜렷하게 보인다.

를 태우고 배기가스를 방출하고 있다. 이것은 차고 속에서 엔진을 걸고 난방을 하는 것과 같은 것으로 그 배기가스는 죽음을 부르는 위험성을 내포하고 있는 것이다.

이 화석연료는 태고시대에 태양 에너지가 식물에 의한 광합성으로 비축된 것이다. 화석연료는 약 0.2%의 변환효율로 태양 에너지를 약 2억 년 동안 저장한 것으로, 인류는 100~200년에 이것을 전부 사용하려 하고 있다. 2억 년을 1년(약 3×10^7초)으로 본다면 불과 15초에서 30초 동안 전부 써 버리는 결과가 된다.

즉 이것은 아버지 대에 모은 재산을 '망나니' 아들이 물같이 쓰고 있는 것과 같은 것이다. 이런 인간의 가공스러운 활동이 이산화탄소나 황산화물의 급격한 증대를 초래하기 때문에 우리들이 지구환경의 이상변화에 직면하는 것은 당연한 일이라고 할 수 있다.

1-4 화석연료를 사용하는 데 따른 지구환경 악화

지구환경문제의 하나로 프레온에 의한 오존층의 파괴를 들 수 있다. 따라서 프레온 대체품의 개발이 진행되고 있으며 프레온의 문제는 일단 전망이 보인다.

그러나 석유나 석탄을 태워서 발생하는 이산화탄소(CO_2) 등에 의한 지구온난화와 아황산가스 등의 황산화물(SO_x), 질소산화물(NO_x) 등에 의한 산성비의 문제는 아직도 계속되는 문제이다(그림 1-3 참조).

산성비(pH 5.6 이하)는 유럽 여러 나라, 북미 등에서 산림의 고사(枯死), 호수나 늪의 물고기의 떼죽음 등 여러 가지 형태로 생태계에 심각한 영향을 미치고 있다. 스웨덴의 서해안에 있는 Gardssjon 호에서는 빙하기부터의 호수의 pH가 관측되고 있다. 그 결과를 그림 1-4에 나타냈다. 이 자료에 의하면 1960년 이후 약 20년 동안에 pH는 6에서 4.5까지 내려가 산성화가 급속히 진행되고 있다는 것을 알 수 있다.

또한 그림 1-5는 노르웨이

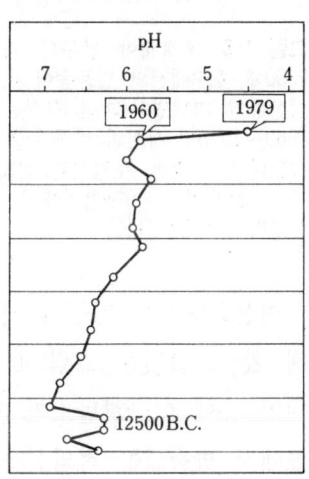

그림 1-4 빙하기부터의 호수의 pH 관측 예(스웨덴) [Swedish Ministry of Agriculture Environment '82 Committee Acidification Today and Tomorrow에 의함]

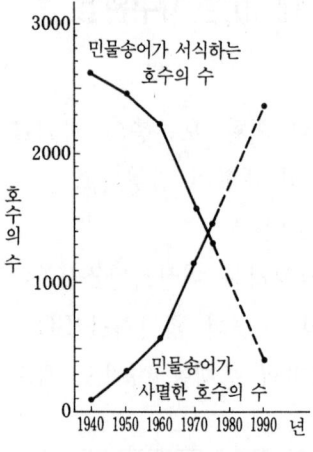

그림 1-5 노르웨이 남부의 약 3000개 호수에서의 민물송어 서식상황의 경년변화(파선 부분은 1960~1975년 사이의 변화가 계속된다고 가정한 추정선)[NHK 북스 21세기의 지구환경에서 : 산성비의 기후(河村)]

남부의 민물송어의 서식상황의 경년(經年)변화인데 해마다 민물송어가 서식하는 호수가 감소하고 있음을 알 수 있다. 일본에서도 1985년의 환경청 조사에 의하면 산성비가 전국적으로 내리고 있으며, 측정한 14지점의 평균 pH값은 4.85이고 주요 호수가 산성호로 지적되는 등 사태는 생각했던 것보다는 심각한 것으로 밝혀졌다.

다음은 장래에 더욱 심각해질 이산화탄소의 문제에 대해서 언급해 보자.

이산화탄소는 지구의 기온을 유지하는 데 중요한 역할을 해 왔다. 그것은 그림 1-6(b), (c)에서 보여주고 있는데, 대기 중에 이산화탄소가 있으며, 태양 에너지로 덥혀진 지표에서 방출되는 적외선을 흡수하여 대기나 지표의 온도를 유지한다. 이것은 이산화탄소가 적외영역에 흡수대를 갖고 있기 때문이며 이것으로 지구와 대기로부터의 적외선 복사를 막고 온실효과를 가져 오게 한다.

만일 이산화탄소가 없다면 그림 1-6(a)같이 지표에서 발생한 열은 우주로 직접 복사되어 지구의 온도는 지금의 기후에 비하여 약 30°C 이상이나 한랭한 얼음의 세계로 된다.

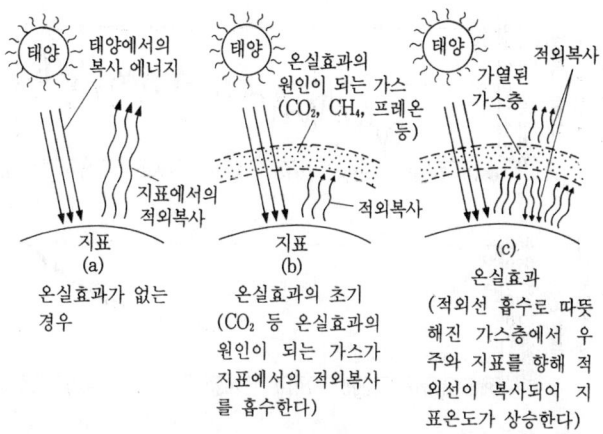

그림 1-6 온실효과의 메커니즘

현재의 온화한 기후가 유지되고 있는 것은 이산화탄소 등을 포함하는 대기층에 의해 적외복사의 균형이 유지되고 있기 때문이다.

그렇지만 그 균형이 무너져 가고 있다. 인구의 증가, 인간 활동의 증대, 가속화되는 화석연료 소비의 증대, 산림의 벌채 등으로 이산화탄소 농도가 증가하였다. 화석연료의 소비량, 이산화탄소 농도의 증대 그리고 기온 상승의 자료를 그림 1-7에 나타냈다. 대기의 이산화탄소 농도는 하와이 섬의 마우나로아에서의 관측과 남극에 퇴적된 얼음 속의 기포의 분석 결과를 그림 1-7(b)에 나타내었는데 근년에 이르러 급속하게 증대하고 있다.

이 이산화탄소 농도의 상승 곡선은 그림 1-7(c)에 나타낸 것같이 화석연료를 태우는 데 따라 발생하는 탄소 방출량의 증대와 매우 흡사한 모양을 나타내고 있다. 이처럼 이

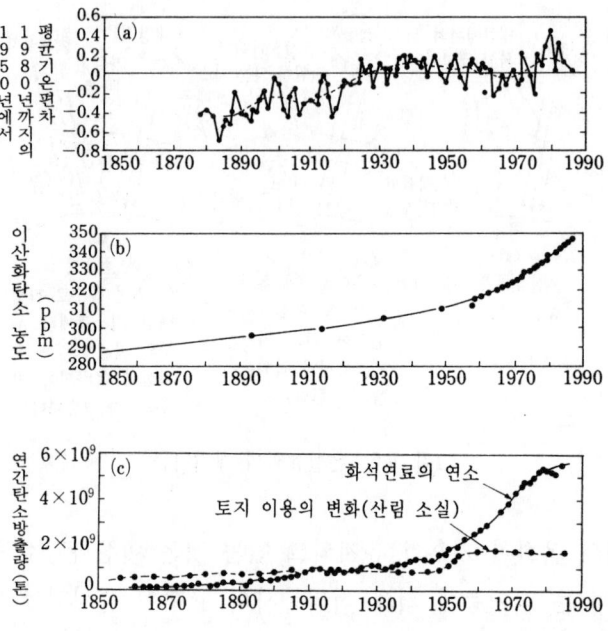

그림 1-7 지구온난화와 온실효과 가스농도의 상관

산화탄소 농도의 증대는 산업혁명 이후의 화석연료의 소비에 의한 것으로 여겨진다.

현재의 이산화탄소 농도(약 350ppm)에서 21세기에는 급격하게 증대하여 21세기 중엽에는 이산화탄소의 농도가 배로 증가하여 기온이 1~5℃ 상승할 것으로 추정되고 있다. 그것에 기인하여 현재의 기후대, 즉 온대나 열대영역이 수백km 북상할 것으로 보인다. 일본 홋카이도(北海道)의 기후가 현재의 규슈(九州)의 기후가 될 수 있는 것이다.

또한 북극이나 남극 등에서의 얼음의 융해에 의해 해면의 상승이 생겨 세계 각지의 낮은 해발지역은 물에 잠길 가능

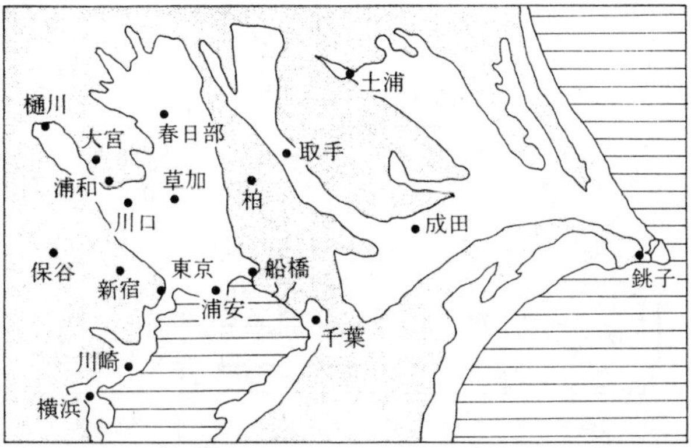

그림 1-8 거의 전멸이 된 일본 도쿄 주변 수도권(흰 부분이 해면 아래로 가라앉는다). 지구의 온난화가 이대로 진행되면 해면상승으로 도쿄의 절반은 물에 잠기게 된다.

성이 있으며, 도쿄는 그림 1-8같이 절반이 바닷속에 가라앉는 공포의 시간을 맞게 된다는 보고서도 있다(기상청 기후문제 간담회 온실효과 검토부회 보고). 그 결과 사회적, 경제적으로 큰 영향이 나타날 것이 지적되고 있다.

1-5 지구에 남은 자원은 이제 얼마 남지 않았다

우리는 석유나 석탄을 전혀 안 쓸 수는 없다. 그러므로 현재 현실적으로 제안되는 것은 에너지의 절약이다. 일본은 이 분야에서 대단히 앞서 있으며 확실히 에너지 절약은 중요한 일이다. 그러나 이것으로 진정한 해결책이 될 수 있을까? 일반적으로 에너지 자원의 전문분야에서는 사용되는 지구상의 자원의 양을 가채연수(可採年數)로 나타내고 있다. 가채연수란 현재 확인된 '매장량'을 '현재'의 1년간의 '소

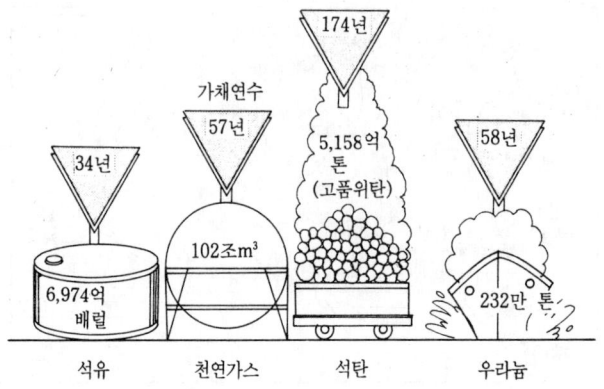

그림 1-9 세계의 에너지 자원 확인 가채매장량〔IEA자료 (1986)에 의함〕. 가장 풍부한 석탄조차 앞으로 사용할 수 있는 기간은 174년이다.

비량'으로 나눈 것으로,

확인 가채 매장량÷그 해의 연간소비량＝가채연수

로 나타낸다.

즉 '현재'의 소비량으로 남아 있는 자원을 소비한다면 몇 년 유지될 수 있을까 하는 기준이 가채연수이다. 저금으로 비유한다면 독자의 부친이 정년퇴직한 후 퇴직금을 3천만 원 타서 금고 속에 넣고 매월 거기에서 빼내어 생활한다고 하자. 1년에 300만원 사용한다면 10년간은 생활할 수 있다. 이 10년이 여기서 말하는 가채연수에 해당한다.

IEA(국제에너지기구)가 1986년에 상정한 화석연료 등의 가채연수를 그림 1-9에 나타냈다. 이것으로 알 수 있듯이 석유는 34년, 천연가스는 57년, 석탄은 제일 많아 174년으로 되어 있다. 즉 '현상태의 양'으로 에너지 소비를 계속하

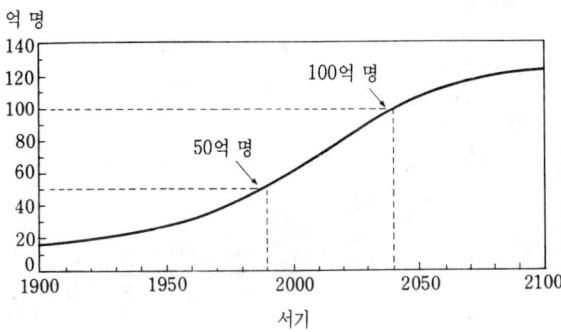

그림 1-10 세계의 인구 예측〔국제연합통계(1989)〕. 이대로라면 2050년에 세계인구는 100억 명을 돌파한다.

면 약 200년 정도에 인류는 화석연료를 전부 써 버리게 된다.

또한 현재 연구 중인 핵융합은 아직 전혀 경험이 없는 기술이며, 핵분열을 이용한 원자력 에너지의 원천인 우라늄의 양도 불과 58년분이다. 더욱이 고속증식로는 잔존방사능 등의 문제가 있다. 그래도 독자 중에는 200년 정도는 유지되니 우리 세대에는 무관하다는가, 석유는 과거 어떤 시대에도 앞으로 30~40년밖에 쓸 수 없다고 말해 왔다는 등의 낙관적인 생각을 가진 사람도 있을 것이다.

그러면 제1장 1절에서 이야기한 내용을 상기하기 바란다. 즉 인구증가이다. 지구의 인구는 기하급수적으로 증가하고 있다. 과거 40년간에 28억 명이 증가하였다. 1989년에 발표된 국제연합통계에 의한 앞으로의 인구증가 예측곡선을 그림 1-10에 나타냈다. 이때부터 50년 동안 다시 50억 명이 증가하여 100억 명을 넘게 된다. 지금 태어난 사람들은 각각 자동적으로 증가하므로 필연적으로 이처럼 인구는

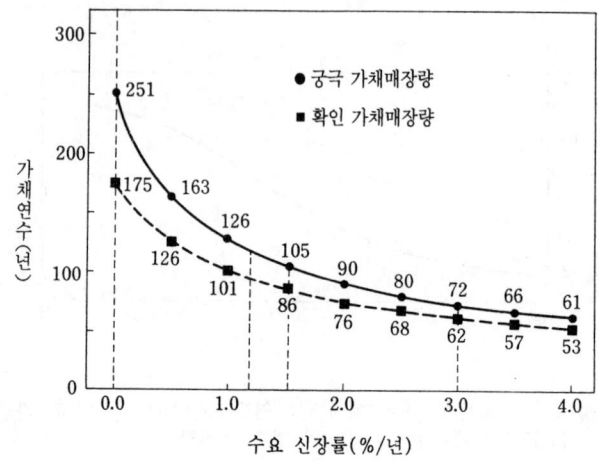

그림 1-11 에너지 소비의 신장률과 가채연수의 관계〔국제에너지 회의(1989년)〕. 신장률이 클수록 가채연수는 적어진다.

증식하게 되는 것이다. 이것과 수반하여 인류가 소비하는 에너지도 비례급수적으로 증대한다. 다음에는 어느 정도 에너지의 소비가 늘어날 것인가를 설명해 보자.

세계의 에너지 소비량은 과거 10년간 평균 1년에 1.6%의 신장률로 증가하였다. 선진공업 여러 나라에서는 신장률이 둔화하는 조짐이 보이기는 하나 소비량은 지금도 계속 증가하고 있다. 더욱이 최근에는 개발도상국의 소비량 신장이 뚜렷하다.

앞으로 30년간의 에너지 소비량은 연 1.2~1.6% 정도로 예측되고 있다(국제에너지회의, 1989년). 이 양으로 앞으로 세계의 에너지 소비량이 증가하면 얼마 동안 화석연료를 사용할 수 있을지를 계산해 보았다.

그림 1-11같이 현재의 '확인 가채매장량'의 경우 85~95

1. 지구환경과 태양 에너지, 지금 왜 태양전지가 23

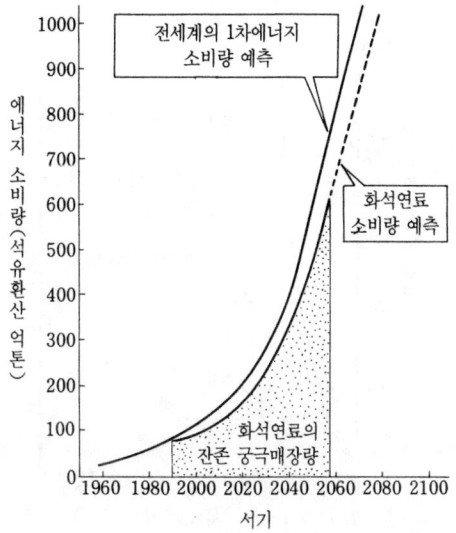

그림 1-12 전세계의 에너지 소비량 추이 예측. 에너지 소비 신장률을 연 3%로 잡고 있다. 이 경우에는 앞으로 70년이 되기 전에 화석연료를 다 쓰게 된다.

년간이며, 현재 확인된 매장량의 약 절반의 자원이 더 발견되었다고 본 '궁극 가채매장량'의 경우라도 102~117년 사이에 화석연료는 완전히 바닥나게 된다.

가령 개발도상국이 선진국 정도의 생활을 목표로 에너지 소비 신장률이 3%가 된다고 하면 그림 1-12같이 70년 정도에 화석연료는 바닥나게 된다. 즉 자신의 세대는 아닐지라도 자신이 이름지은 아이들이나 손자 때에는 확실히 화석연료는 다 사용되어 없어지는 것이다.

현실적으로도 70년이나 100년 뒤에 돌연히 없어지는 소비는 할 수 없다. 그러므로 일반적으로 화석연료가 없어지

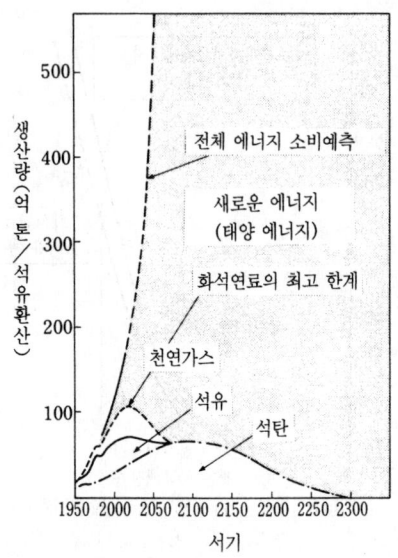

그림 1-13 각종 에너지의 생산량 추이와 예측. 화석연료의 사용이 억제되는 시나리오 하에서도 가까운 장래에 '에너지 부족' 시대가 도래한다.

는 과정을 이것을 시나리오라고 한다면, 실제로 어떻게 일어나고 있는가 알아보자.

그림 1-13같이 우선 매장량이 적고 쓰기 쉬운 석유나 천연가스가 없어지고 매장량이 많은 석탄이 남는다. 석유나 천연가스가 최고를 점하는 연대는 2020~2030년 정도로 상정되고 있다.

즉 지금부터 30년에서 40년 후에는 그림 1-13에서 보는 바와 같이 화석연료를 에너지원으로 하는 최고시점이 도래한다. 그 다음부터 인류는 석유나 천연가스에 비해 수송, 저장에 비용이 더 들며 또한 환경대책 비용이 많이 필요한 석탄을 사용하지 않을 수 없다. 또한 그 시대에는 인구의 증가에 따라 보다 많은 에너지원이 필요하게 된다.

그림 1-13에 망으로 나타낸 부분의 새로운 에너지를 획득하지 못하면 우리의 생활은 유지할 수 없게 된다. 즉 인류존망의 위기가 도래하게 되는 것이다. 아니 그 전에 화석연료 등에 의한 지구환경 문제로 엄청난 타격을 받아 인류멸망의 때가 도래할지도 모른다.

이것을 해결하기 위해서 우리는 무엇이든 새로운 에너지를 찾아내야 한다. 필자는 그 새로운 에너지가 다음 절에서 설명하는 바와 같이 태양 에너지라고 생각하고 있다.

1-6 태양빛 에너지는 60분 동안 전세계의 1년분 에너지를 마련한다

신은 인류에게 또하나의 에너지원을 주었다. 그것이 태양 에너지이다.

흔히 태양 에너지는 희박하고 공업적으로 이용하기에는 너무나 취약하다고 생각하고 있다. 정말 그럴까? 근대과학의 발달에 의한 인류의 증대, 에너지 소비의 증대를 과학의 손으로 해결하려는 노력은 이 분야에서도 진행되고 있다. 그 중에서도 가장 유력한 기술로서 '마법의 판자'인 태양전지가 출현하였다. 태양 에너지를 직접 전기로 바꿀 수 있는 마법의 판자, 그것이 태양전지이다. 상세한 것은 다음에 이야기하기로 하고 우선 태양 에너지의 방대함에 대해 설명하자.

태양은 지구에서 약 1억 5000만km 떨어진 곳에 있는 항

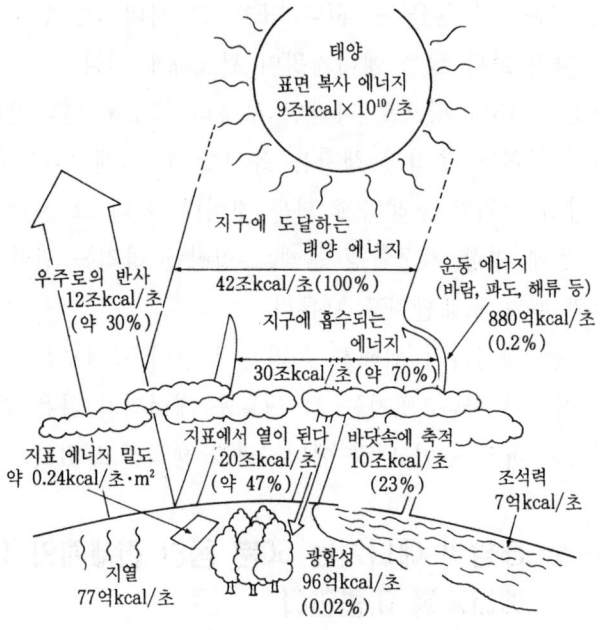

그림 1-14 태양 에너지

성으로 핵융합 반응에 의해 1초에 약 90000000000조kcal 나 되는 방대한 에너지를 방출하고 있다. 약 1억 5000만km 떨어져 있으므로 방사능은 지표에 도달하지 않는다.

지구에 도달하는 태양 에너지는 대기권 밖에서 $1m^2$당 1.38kW(매초 0.33kcal)이다. 지구 전체가 태양에서 받아들이는 에너지는 1초에 약 42조kcal이며 그 중 30%는 직접 반사되고 나머지 약 70%인 약 30조kcal가 매초 지구에 도달한다.

이것을 1989년 세계 에너지 총수요인 연간 약 100000조 kcal와 비교하면 '태양 에너지가 60분간 지표 전체에 내리

표 1-1 지구상의 에너지원의 비교

수 력	매초	4.8억kcal
조석의흐름	매초	7.2억kcal
지 열	매초	77억kcal
풍 파	매초	880억kcal
태 양 빛	매초	약 420000억kcal

일본 전국에 내리쪼이는 태양 에너지는 매초 약 150억kcal이다.
이것은 1988년도 연간 에너지 총수요량의 약 106배 ⎫
         석유수요량의 185배 ⎭ 에 해당한다.

쬐는 양은 세계의 연간 에너지 소비량과 맞먹는다'고 할 수 있다. 이처럼 거대한 에너지가 태양에서 지구로 공급되고 있다.

이 태양 에너지는 고갈되는 일이 없고, 깨끗하며, 지역적 편재성이 없다는 우수한 장점을 갖고 있다.

지구에 도달한 태양 에너지는 그림 1-14같이 직접 태양빛으로서 지표에 도달하여 식물을 자라게 하거나, 열 에너지로서 지표나 바다를 따뜻하게 한다. 그리고 지구에 도달한 에너지는 바람을 일으키고 또한 수증기를 발생시켜 그것이 바로 지표에 되돌아와 수력을 일으킨다.

각각의 개략적인 값은 표 1-1에 보는 바와 같이 태양빛이 매초 42조kcal로 가장 많고 이어서 풍파로서 매초 880억kcal, 수력으로서 매초 4.8억kcal로 상정되고 있다. 즉 태양빛의 에너지는 자연 에너지의 거의 전부를 공급하고 있으

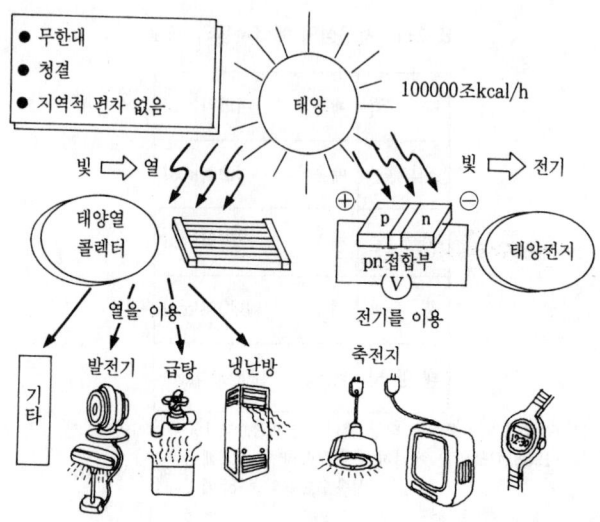

그림 1-15 태양 에너지의 이용

며 한없이 방대하다고 말할 수 있다.

이런 특징을 살려 앞으로 설명할 태양전지를 이용하면 로빈스(A. B. Lovins)가 제창한「소프트 에너지 패스」가 가능하게 된다. 즉 에너지의 최종이용목적에 적합한 에너지를 그 이용지점에서 이용기종에 맞추어 자연계에서 획득하고, 이용효율의 향상을 도모하여 영속적인 에너지 체계를 이루려는 것이다.

즉 2010년부터 2030년의 화석연료의 극한점에 대응하여 인류를 구할 수 있는 에너지는 그림 1-13 같은 태양 에너지라고 말할 수 있는 것이다.

태양 에너지의 이용의 하나로 그림 1-15의 왼쪽에 나타낸 것처럼 태양빛을 열로서 포착하는 솔라콜렉터가 이미 많은 가정에 보급되어 있다. 이것은 가정용 온수원으로 이용되어 유효하게 사용되고 있다.

  이것과는 달리 제2장에서 설명하는 근대 전자공학으로 태양빛에서 직접 전기를 획득할 수 있는 태양전지가 개발되어 왔다. 전기의 형태로 획득된 에너지를 유지할 수 있다면 그것을 사용하여 조명도 밝히고, 텔레비전도 보고, 전화도 걸고, 물론 전기 온수기로 물도 끓일 수 있다. 그런 뜻에서 태양빛에서 직접 전기를 획득할 수 있는 태양전지가 지금 주목받고 있다.

2. 샘같이 전기가 솟아나는 '태양전지'

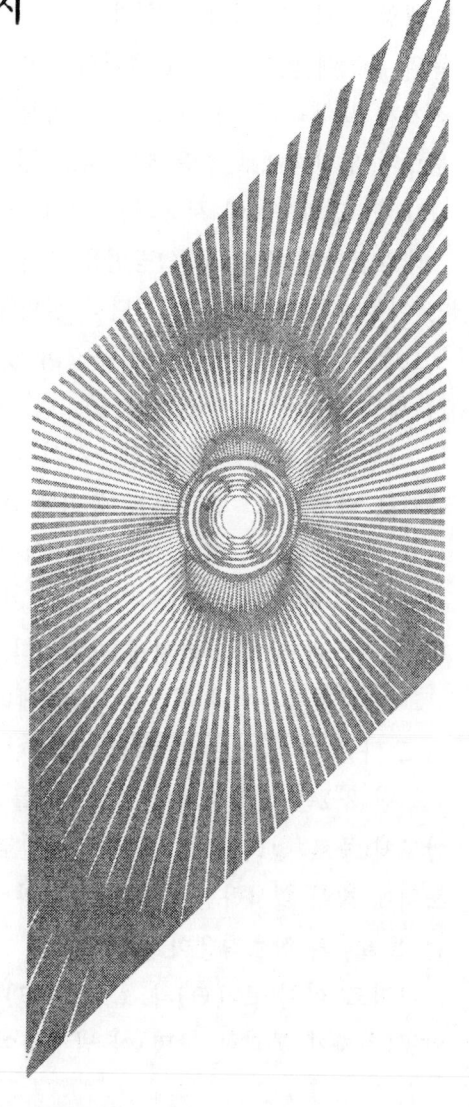

2-1 태양전지는 빛을 전기로 변환한다

태양전지는 '마법의 판자'라고 할 수 있는 것으로, 어떤 종류의 물질에 빛이 닿으면 샘에서 물이 솟아나는 것처럼 펑펑 전기가 발생하는 것이다. 그 판자를 과학자는 태양전지라 부르며 일반적으로 검은색을 띠고 있다. 보통의 트랜지스터나 IC의 전자용품에 사용되는 실리콘(Si)이 주로 사용된다.

태양전지의 발전(發電)방법을 설명하기에 앞서 일반전기는 어떻게 발생하는가를 간단히 설명하겠다.

보통의 발전시스템에서는 물질이 갖는 에너지를 여러 가지 형태로 바꾸어 발전기를 돌린다. 가령 화력발전의 경우는 그림 2-1같이 석유를 연소시켜 그 열로 물을 가열하여 증기로 바꾸고, 그 분출하는 증기에 의해 터빈를 돌리는 것으로 발전을 한다. 석유 에너지는 열 에너지 → 증기 에너지 → 터빈의 회전 에너지 → 전기 에너지로 형태를 바꾸어 간다. 그러기에 장치도 커지게 마련이다.

그러나 태양전지의 경우는 빛의 에너지를 직접 전기 에너지로 바꿀 수 있으므로 이러한 복잡한 장치는 불필요하다.

그림 2-2는 태양전지의 발전원리를 보여준다. 태양전지는 반도체(주로 실리콘)라 불리는 물질로 되어 있다. 흔히 반도체에 빛이 입사하면 흡수되어 빛과 반도체를 구성하고 있는 물질과의 상호작용이 생긴다.

그리고 마이너스(⊖)와 플러스(⊕)의 전하를 띤 전자와 양공(전자가 통과한 구멍)이 발생하여 전류가 흐르기 쉽게

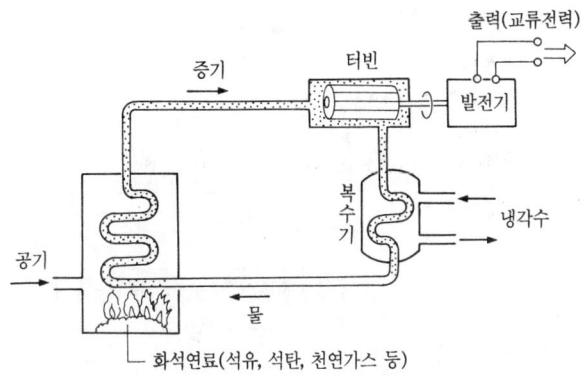

그림 2-1 보통 발전장치의 발전원리(화력발전). 석유나 석탄을 연소하여 수증기를 발생시켜, 그 압력으로 기계적으로 터빈을 회전시키므로 소음이나 가스 배출이 수반된다.

되거나 전기 자체가 발생하기도 한다. 이것을 반도체의 광전효과라고 한다. 아인슈타인은 광전효과가 빛의 입자성 - 빛이 광자라는 입자의 흐름이라는 것 - 에 의한 것임을 증명했고, 그 유명한 상대성이론이 아닌 바로 이 연구로 노벨상을 수상하였다.

또한 반도체에는 전자(마이너스의 전하)를 끌어당기는 n형 반도체와 양공(플러스의 전하)을 끌어당기는 p형 반도체의 두 종류가 있으며, 태양전지는 그림 2-2와 같이 이 두 개를 접합한 것이다. 흔히 반도체 속에 발생한 마이너스 전하는 n형 반도체 쪽으로, 플러스의 전하는 p형 반도체 쪽으로 끌어당겨져 각각의 전극부에 모인다.

마치 건전지와 같은 상태로 된다. 이 양 전극을 전선으로 연결하면 전류가 흐르고 전력이 발생한다. 이때 플러스 전

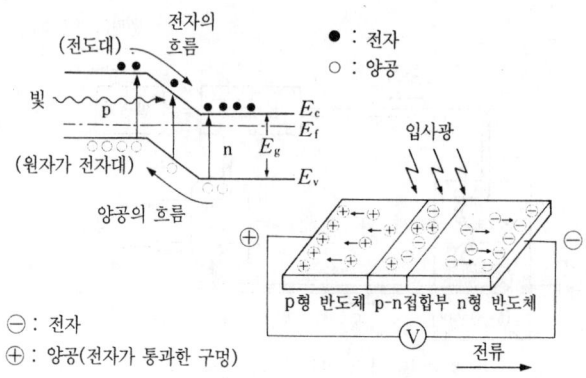

그림 2-2 태양전지의 발전원리. 반도체의 광전효과에 의해 빛을
전기로 변환하므로 소음이 없고 깨끗하다.

하와 마이너스 전하는 합친다. 빛이 있는 한 발전은 멈추지 않는다.

즉 빛이 도달하면 pn접합을 한 반도체 속에 빛과 물질의 상호작용이 생겨 ⊕와 ⊖의 전하가 발생하고, 그 전하를 밖으로 끌어내므로 전류가 흐르고, 그 에너지로 모터를 돌리거나 전등을 켜게 되는 것이다. 따라서 태양전지는 '빛을 전기로 바꾸는 변환기'라고 말할 수 있다. 그러므로 태양전지는 태양빛만이 아니라 형광등의 빛으로도 그것을 전기로 바꿀 수 있다.

태양전지에 흥미를 가지고 좀더 상세히 알고자 하는 분들을 위해 다음 장에서 태양전지에 대해 상세히 설명하겠다.

2-2 태양전지의 성능

태양전지의 성능을 나타내는 말로서 '변환효율'이란 말이

2. 샘같이 전기가 솟아나는 '태양전지' 35

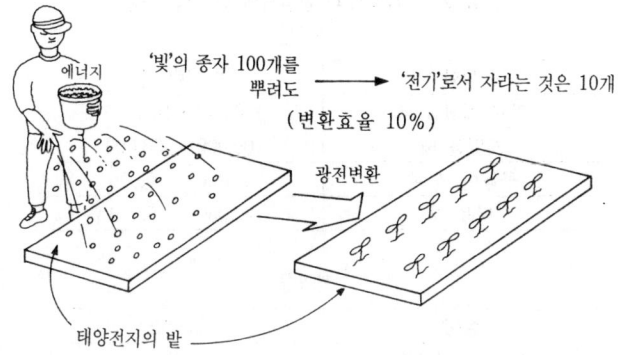

그림 2-3 태양전지에서는 빛의 일부가 전기로 변한다. 그 비율을 변환효율이라 부르며 대개 10~20% 전후이다.

쓰인다. 이것은 입사한 빛(태양빛)을 어느 정도의 비율로 전기로 바꿀 수 있는가를 나타내는 것이다. 즉 지금 100개의 태양빛이 태양전지에 입사하였을 때 그것이 10개분만이 전기로 변하면 그것은,

$$\frac{10개}{100개} \times 100\% = 10\%$$

의 변환효율이라 한다.

더 알기 쉽게 식물에 비유하여 말하면, 그림 2-3같이 나팔꽃 씨를 이른봄에 100개 심었는데 초여름에 싹이 돋은 것이 10개라면 나팔꽃의 발아율은 10%가 된다.

이처럼 비율과 같이 생각한 것이 변환효율이다. 태양전지의 변환효율은 입사한 에너지의 강도에 따라 거의 변화하지 않는다. 그러나 변환효율은 '비율'이므로 입사하는 에너지가 변화하면 그 출력은 변화한다.

즉 변환효율이 10%인 경우 갠 날의 태양빛은 $1m^2$당

표 2-1 태양빛과 형광등의 밝기의 기준

태양빛

상황	조도(럭스)
맑게 개었을 때	120,000 ~ 100,000
개었을 때	100,000 ~ 50,000
구름이 낄 때	50,000 ~ 10,000
비올 때	20,000 ~ 5,000

형광등

상황	조도(럭스)
설계대(국부조명)	~1,000
사무소, 회의실	300~600
식당, 복도	200 이하
계단, 휴게실	100 이상

1kW의 에너지-독자들이 잘 아는 조도, 럭스(lx)로 표시하면 10만럭스에서 12만럭스-를 지표에 공급하므로 $1m^2$ 넓이의 태양전지는 100와트의 출력을 발생한다.

구름이 낀 날은 표 2-1같이 입사 에너지가 적고 5만~1만럭스로서 갠 날에 비해 2분의 1에서 10분의 1, 비가 올때는 2만럭스~5000럭스로 개었을 때에 비해 5분의 1에서 20분의 1이 되며, 그것에 대응하여 태양전지의 출력은 감소한다. 밤에는 태양빛이 없으므로 출력은 0이다.

2-3 태양전지에 의한 발전의 특징

태양전지는 빛에서 직접 전기 에너지를 발생시킬 수 있어 보통의 발전체계에 비하여 다음과 같은 뛰어난 특징이 있다.

태양전지 발전의 특징

● 에너지원인 태양빛의 에너지는 무진장

석유, 석탄 등 화석연료는 양이 한정되어 있으나 태양빛의 수명은 반영구적이며 연료값이 안 든다.

● 깨끗한 에너지원

태양전지는 빛을 직접 전기로 변환할 수 있으므로 보통의 발전시스템같이 석탄, 석유 등의 화석연료를 연소시키거나 발전기를 돌릴 필요가 없다. 따라서 환경을 오염시키는 배기가스나 유해물질을 발생시키지 않고 소음도 없다.

● 여러 가지 규모의 발전에 이용 가능

탁상전자계산기같이 소규모의 것에서부터 큰 전력의 발전장치(100kW 이상)까지 같은 태양전지를 사용할 수 있다. 또한 그 변환효율도 거의 같다. 보통의 화력이나 수력, 원자력발전 등은 발전규모에 따라 변환효율이 크게 달라진다.

즉 태양전지의 변환효율은 앞에서 말한 대로 입사광 강도가 달라져도 규모의 크기에 관계없이 거의 같다.

● 사용하는 장소에서 발전

종래의 발전장치는 발전소와 전기를 사용하는 장소가 떨어져 있어 송전이 필요하였으나 태양전지의 경우는 소비하는 장소에 설치할 수 있다. 예를 들면 각 가정의 지붕에 태양전지를 설치함으로써 가정용 발전소가 가능하다.

이상과 같이 뛰어난 특징이 있는 태양전지이지만 한편 사용할 때 다음과 같은 주의가 필요하다.

태양전지 발전에서 유념해야 할 점
● 입사 에너지가 희박

　태양빛 에너지는 무진장하나 에너지의 밀도가 작으므로 큰 전력을 발생시키려면 비교적 큰 면적을 필요로 한다.

● 기상조건에 따라 발전량이 변한다

　태양빛을 에너지원으로 하고 있으므로 기상조건에 따라 태양전지의 출력이 변동한다. 예를 들면 앞에서도 말한 바와 같이, 구름이 낀 날은 맑게 갠 날에 비해 2분의 1에서 5분의 1 정도로 출력이 저하한다. 그러나 비오는 날에도 개인 날의 10분의 1 정도로 작으나마 발전할 수는 있다.

● 축전기능이 없다

　빛이 닿는 때에만 발전할 수 있고 전기를 비축할 수 없다. 따라서 밤이나 비오는 날에도 전기를 사용해야 할 경우에는 축전지와 조합하는 등의 방법을 고안해야 한다.

　'태양전지'란 이름은 자주 오해를 불러일으킨다. 즉 '전지'라 하면 일반사람들은 모두 흔히 사용하는 '건전지' 즉 화학전지를 상상한다. 화학전지는 '전기를 괴여둔 늪' 즉 전지(電池)이지만, 태양전지는 빛을 전기로 바꾸는 장치이고 축전기능은 없다.

　영어이름인 Solar Cell을 솔라는 '태양', 셀은 '전지'로 직역한 것인데 정식으로 말한다면 '태양에너지 전기변환기'라고나 해야 할 것이다.

2-4 태양전지 개발의 역사

태양전지의 발명은 표 2-2에서 보는 바와 같이 트랜지스터의 발명보다 오래되었으며, 1954년 미국의 피어슨(pearson) 등에 의해 시작되었다. 그리고 1958년에 인공위성(미국의 뱅가드 1호)에 탑재되어 통신용의 전원으로 사용되었다. 현재는 일본의 기상위성 '히마와리'나 방송위성 '유리' 등에도 사용되고 있다. 그 후 라디오 등의 전자제품이나 산꼭대기에 설치하는 무선중계소, 등대 등에 응용되었으나 그 가격이 비싸 널리 보급되지 않았다.

그러나 오일 쇼크(1973년) 이후 그 뛰어난 특징으로 대체에너지원으로 주목되어 저가격 태양전지의 개발이 국가 사업으로 계획되었다. 미국에서는 에너지성(DOE), 일본에서는 통산성 공업기술원 산하에 선샤인 계획이 입안추진되어 현재는 이 계획에 의거 '신에너지 산업기술총합개발기구(NEDO)'나 '태양빛 발전 기술연구조합(PVTEC)'을 통해 기술개발이 진행되고 있다. 개발의 중심점은 태양전지의 성능 향상, 신뢰성의 향상, 혁신적 생산수단의 개발에 의한 저가격화 등이다.

그림 2-4는 일본 통산성의 선샤인 계획에 의한 태양전지의 가격저하 목표를 보여준다. 2000년에 1와트당 100~200엔으로 하는 것을 목표로 하고 있다. 미국에서는 0.5달러로 하는 데 목표를 두고 있다. 즉 이 목표는 태양전지로 발전했을 때의 전력요금을 상용전력요금 다시 말해 전력회사에서 보통방식으로 발전하였을 때의 전력요금과 거의 같은 전

표 2-2 태양전지의 역사

1954	단결정 태양전지(Pearson)
1955	CdS 태양전지(Reynolds et al)
1956	GaAs 태양전지(Jenny)
1958	태양전지를 적재한 위성 발사(Vanguard 1, U.S.A.)
1962	단결정 태양전지 탑재 라디오 발표
1967	리본 다결정 Si(Boatman et al)
1971	EFG법 다결정 Si(LaBelle et al)
1973	오일 쇼크
1974	「선샤인 계획」 출범
1975	비결정실리콘으로 pn제어 가능(Spear)
1976	비결정실리콘 태양전지(Carlson)
1978	단결정 Si 태양전지를 탁상전자계산기에 응용
1979	집적형 비결정실리콘 태양전지의 개발(구와노)
1980	비결정실리콘 태양전지를 내장한 탁상전자계산기 발매(산요, 후지)
	NEDO 출범
1981	p형 비결정 SiC 태양전지 개발
1982	1MW 태양빛 발전장치 가동(ARCO Solar)
	각종 비결정실리콘 태양전지 응용전자제품 발매
1983	태양전지 기와의 개발(산요)
	개인 주택용 실험장치 완성(NEDO)
1984	세계최대 7MW 태양빛 발전장치 가동(ARCO Solar)
1986	시고쿠전력 사이조태양빛발전소 1MW 장치 완성(NEDO)
	록코 아일란드 2000kW 계통연계장치 완성(NEDO)
1987	투시형 비결정실리콘 태양전지의 개발
1990	초경량 비결정실리콘 태양전지 탑재 솔라비행기의 개발과 미국 횡단
1991	투시형 비결정실리콘 태양전지를 자동차에 탑재
	솔라에어콘의 실용화(산요)

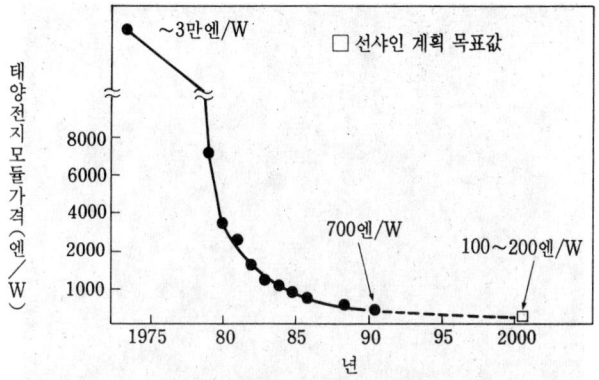

그림 2-4 태양전지 가격의 추이와 예측. 현재 와트당 1000엔 이하로, 처음에 비해 1/10 이하로 내려갔다. 앞으로 100~200엔/W 전후가 예측된다.

기대로 하는 데에 주안점을 두고 있다.

현재 태양전지의 가격은 1973년 1와트당 3만엔 하였던 것이 약 1000엔 이하로 10분의 1 이하까지 내려갔다. 장래에는 더욱 싸질 것이다.

2-5 태양전지의 재료와 제조법

여기에서는 태양전지를 어떻게 제조하는가에 대해 설명하겠다.

태양전지가 반도체로 되어 있다는 것은 앞에서 설명한 대로이다. 흔히 쓰이는 재료는 실리콘(Si) 즉 규소이다. 이 재료는 지구상에 산소 다음으로 많은 원소로서 해안의 백사나 우리 주변의 돌맹이도 거의가 이 실리콘으로 되어 있다. 즉 주변에 남아돌도록 얼마든지 있는 원소이다. 이 실리콘은

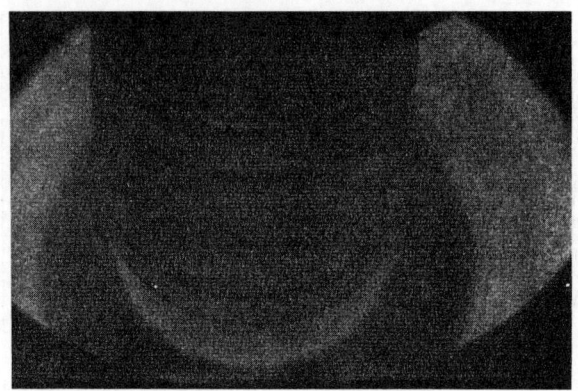

사진 2-1 단결정 Si의 육성(오사카 티타늄제조 제공)

지금은 트랜지스터, IC, LSI 등의 전자회로에 많이 쓰이고 있다.

이것으로 태양전지를 만드는 공정을 간단히 설명하기로 하자.

단결정실리콘 태양전지의 제조법

실리콘(Si)계 태양전지에는 결정계와 비결정(아몰퍼스)계가 있다. 우선 결정계부터 설명한다. 고순도(99.999…%)로 순화된 실리콘은 그림 2-5같이 고온(1500℃)으로 가열한 기본 결정에서 대형 결정을 육성한다(사진 2-1). 결정이란 원자가 규칙적으로 배열한 물질로서 태양전지의 성능을 결정하는 데 중요한 요소이다.

이렇게 형성된 결정을 단결정이라 하며, 이것을 둥글게 절단하여 표면을 갈아 두께 약 300미크론의 웨이퍼(wafer)

2. 샘같이 전기가 솟아나는 '태양전지' 43

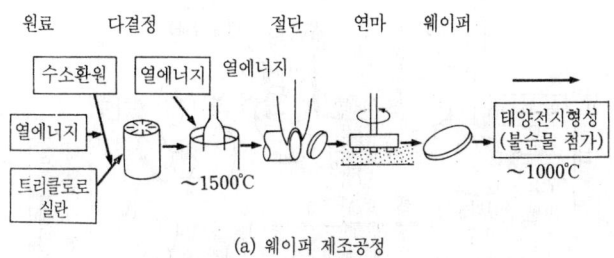

(a) 웨이퍼 제조공정

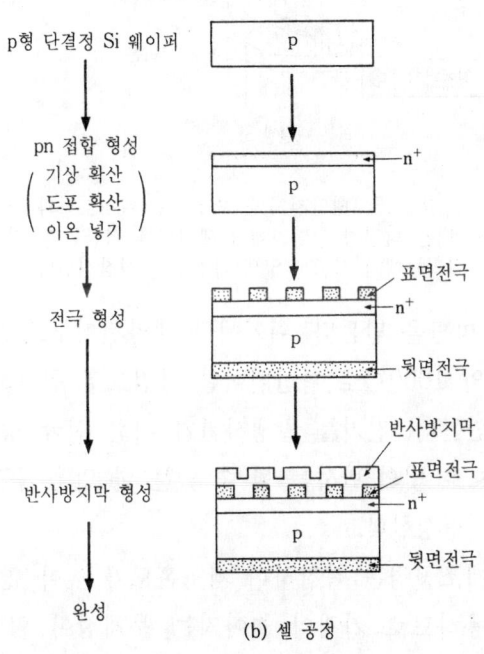

(b) 셀 공정

그림 2-5 단결정 Si 태양전지의 제조공정. 고온처리 등 복잡한 처리과정이 개입된다.

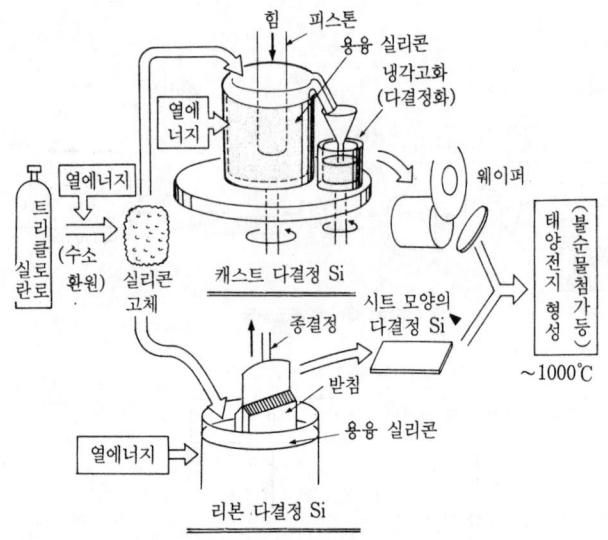

그림 2-6 다결정 Si 태양전지의 제조공정(캐스트법과 리본법).
캐스트법은 다결정 덩어리에서 웨이퍼를 절단한다. 리본법은
용융 실리콘에서 시트 모양의 다결정을 성장시킨다.

라 불리는 박판을 만든다. 여기에다 태양전지구조에 필요한 불순물을, 약 1000℃로 확산법이란 방법으로 첨가하여 p-n 접합체를 만든다. 전기를 발생시키기 위한 전극 형성을 한 다음에 끝으로 빛의 반사를 될 수 있는 한 막을 수 있는 반사방지막을 형성한다.

그러나 제조공정은 복잡하며 제조온도가 높아 많은 양의 전기를 사용하므로 가격이 높아지는 문제점이 있다. 현재 자동화와 연속화에 의한 비용절감의 연구가 진행되고 있다.

다결정실리콘 태양전지의 제조법

단결정실리콘 태양전지의 결점은 그 제조공정이 복

잡하고 제조 에너지가 크다는 것이다. 이러한 문제를 해결하기 위해서 다결정실리콘 태양전지의 개발이 진행되고 있다. 다결정실리콘은 단결정실리콘의 입자(입자의 지름은 수 $\mu m \sim 수 mm$)가 다수 모여 있는 것이다.

그림 2-6은 다결정실리콘 태양전지의 제조공정을 나타낸 것이다.

캐스트법(cast 法)은 실리콘 덩어리를 녹인 액체를 도가니 속에서 서서이 식혀 굳히는 방법이다. 도가니 속의 실리콘 융해액은 그 위측부터 도가니채로 냉각되어 도가니와 같은 모양의 다결정실리콘의 덩어리(잉곳 : ingot)가 된다.

사진 2-2에서 보는 것 같은 약 35cm의 각이 진 다결정실리콘 잉곳이 생산된다. 더욱 큰 잉곳도 생산되고 있다. 이 잉곳을 단결정실리콘과 같은 공정으로 슬라이스(slice)하여 약 300미크론의 얇은 판을 만든다. 그리고 불순물을 확산하여 단결정실리콘과 같은 공정을 걸쳐 다결정실리콘 태양전지가 형성된다.

사진 2-2 다결정 Si 잉곳(NEDO 제공)

또한 그림 2-6의 아래쪽에서 보는 것같이 실리콘융해액에서 태양전지에 필요한 시트 모양의 다결정을 직접 획득하는 방법, 즉 잉곳을 슬라이스할 필요가 없는 리본법(ribbon 法)도 검토되고 있다.

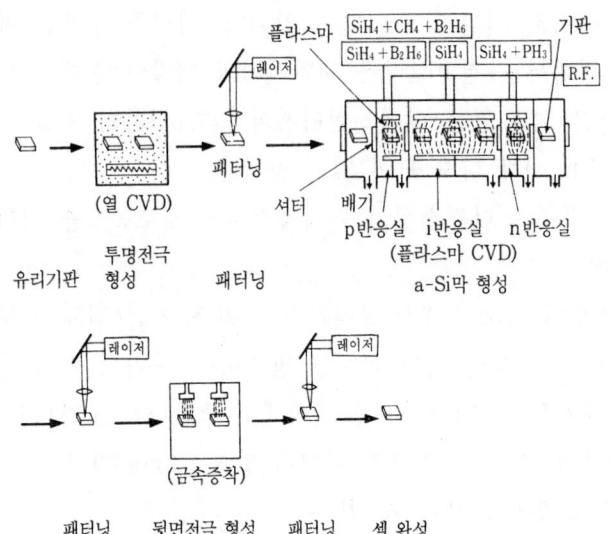

그림 2-7 비결정 Si 태양전지의 제조공정. 비결정 Si는 ~300℃
의 저온처리로 형성되며 공정의 수도 적고 간단하다.

비결정실리콘 태양전지의 제조법

최근에 등장한 비결정실리콘 태양전지는 단결정, 다결정 실리콘 태양전지와는 전혀 다른 제조방법으로 형성된다. 그림 2-7은 비결정실리콘 태양전지의 제조공정이다. 그림과 같이 비결정실리콘의 형성은 다음과 같이 한다.

진공(대기에 비해 공기의 양이 100분의 1~1만분의 1)이 유지된 반응실에 실리콘을 함유한 가스, 가령 모노실란(SiH_4) 등의 원료가스를 도입하고, 방전에 의한 고에너지를 가하여 원료가스를 분해한다. 분해되어 생긴 실리콘은 눈이 쌓이는 것같이 200℃~300℃로 가열된 투명전극이 있는 유리 또는 스테인리스, 플라스틱 등의 기판상에 퇴적한다. 이때 원료가스에 디보란(B_2H_6)을 혼입하면 P형 비결정실리콘이, 포시핀(PH_3)을 혼입하면 n형 비결정실리콘이 형성되므로 원료 가스를 바꾸는 것만으로 태양전지에 필요한 pin층이 형성된다. 이렇게 형성된 pin층에 전극을 부착하면 태양전지가 완성된다.

비결정실리콘 태양전지의 일반적인 특징으로 다음과 같은 점을 들 수 있다.

(1) 제조 에너지가 적다(제조에 필요한 온도가 단결정실리콘의 1000~1500℃에 비해 비결정실리콘은 약 300℃이다).

(2) 제조공정이 간단하다(비결정실리콘 막의 형성과 동시에 pin 접합을 형성할 수 있다).

(3) 빛 흡수계수가 크므로 태양전지의 두께가 1미크론 이하로서 좋다(단결정실리콘은 기계적 강도까지 포함하여 300미크론 정도가 필요).

(4) 가스반응이므로 큰 면적으로 하는 것이 용이하다.

그림 2-7에 나타낸 제조공정에는 후에 설명하는 집적형 구조 형성을 위한 레이저패터닝 공정도 있다.

이상의 3종류의 태양전지는 각각 특징이 있는데 현재 가장 성능(변환효율)이 높은 것이 단결정실리콘 태양전지이고 다음이 다결정실리콘 태양전지, 비결정실리콘 태양전지가 된다. 그러나 다결정실리콘 태양전지나 비결정실리콘 태양전지는 단결정 태양전지에 비해 가격이 낮아질 가능성이 높고, 비결정실리콘 태양전지는 후에 설명하게 되는 매우 독

표 2-3 태양전지의 종류와 재료

태양전지의 종류		반도체 재료	셀의 변환효율*	모듈의 변환효율
실리콘 태양전지	결정계	단결정 Si	15~24%	10~14%
		다결정 Si	10~17%	9~12%
	비결정계	비결정 Si 비결정 SiC 비결정 SiGe	8~13%	6~9%
화합물 반도체 태양전지	2원계	GaAs, Inp	18~30%(GaAs)	–
		GdS, CdTe	10~12%(기타)	–
	3원계	CuInSe$_2$	10~12%	–
유기반도체 태양전지		멜로시아닌 프탈로시아닌	1% 이하	–

* 셀이란 태양전지의 크기에서 가장 작은 단위를 말한다.

특한 다른 태양전지에서는 볼 수 없는 특색있는 태양전지가 된다.

기타의 태양전지로는 표 2-3에서 보는 화합물반도체 태양전지 등이 있으나 현재는 특수 용도에 주로 쓰이므로 설명은 생략한다.

이제까지 설명한 태양전지는 '셀(cell)'이라 불리는 최소 단위의 태양전지이다. 그림 2-8같이 다수의 셀로 구성되어 있는 것을 '모듈(module)'이라 하며, 여러 개의 모듈을 모아 받침대에 설치한 것을 '앨리(alley)'라 부르고 있다. 다음은 태양전지 모듈의 제작법에 대해 설명한다.

태양전지 모듈의 제조법

태양전지를 실제로 사용하는 경우에 지금까지 설명한 것처럼 태양전지 셀을 그 상태 그대로 사용하는 일은 거의 없다. 왜냐하면 태양전지 1개의 셀로서는 그 셀이 아무리 크

2. 샘같이 전기가 솟아나는 '태양전지' 49

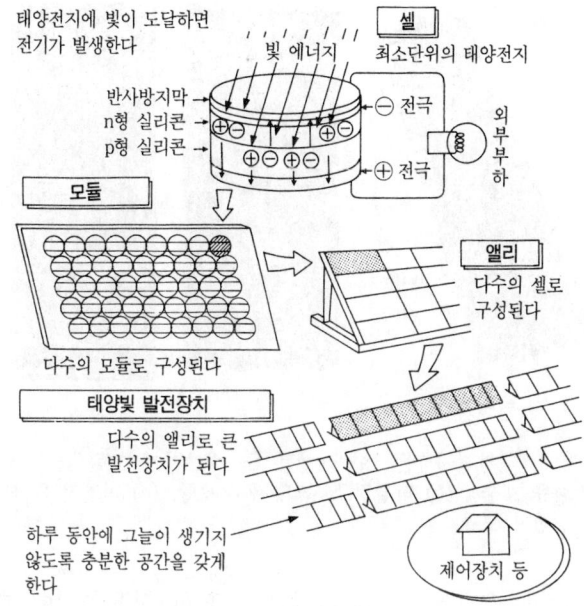

그림 2-8 태양빛 발전의 구조. 셀 형성 → 모듈화 → 앨리 조립 →
장치 순으로 태양빛 발전장치는 이루어진다.

다 해도 약 0.5볼트밖에 전압이 발생하지 않기 때문이다. 흔히 탁상전자계산기나 라디오 등의 전자제품은 1.5볼트에서 12볼트의 전압으로 작동하므로 태양전지(셀)를 마치 건전지를 직렬로 연결하는 것같이 직렬로 연결하여 사용한다. 태양전지를 가정의 전력원으로서 사용하는 경우에도 동일하게 태양전지를 직렬로 한다. 그리고 또하나의 요소로서 발생전류가 있다. 발생전류는 태양전지 셀의 면적에 거의 비례한다. 가령 10센티각(角) 크기의 태양전지를 사용할 때 큰 태양전지가 필요하면 10센티각의 셀을 병렬로 연결하여

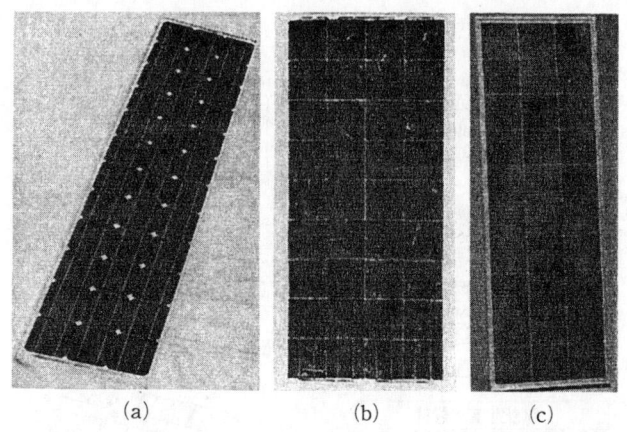

사진 2-3 태양전지모듈 (a) 단결정 Si 태양전지 모듈(쇼와 셀 석유 제공), (b) 다결정 Si 태양전지 모듈, (c) 비결정 Si 태양전지 모듈

전류가 크게 흐르게 한다. 그러므로 흔히 사용목적에 따라 수 개~수십 개의 태양전지 셀을 직렬 또는 병렬로 리본 모양의 금속박으로 배선하고 오랫동안 셀을 보호하기 위해 봉입(packaging)한다. 이처럼 봉입된 유닛(unit)을 태양전지 모듈(module)이라 한다. 사진 2-3은 각종 태양전지 모듈의 보기이다.

태양전지 모듈의 구조로는 여러 가지 것이 있다. 그림 2-9(a) 같은 서브스트레이트(substrate) 방식은 태양전지의 뒤쪽에 기계적인 강도를 보완하기 위해 하부 기판을 놓고 모듈을 지지판으로 한 다음, 그 위에 투명수지로 태양전지를 봉입하는 방식이다.

현재 가장 잘 쓰이고 있는 것은 그림 2-9(b)의 슈퍼스트레이트 방식으로 태양전지의 빛을 받는 면 쪽에 유리 같은

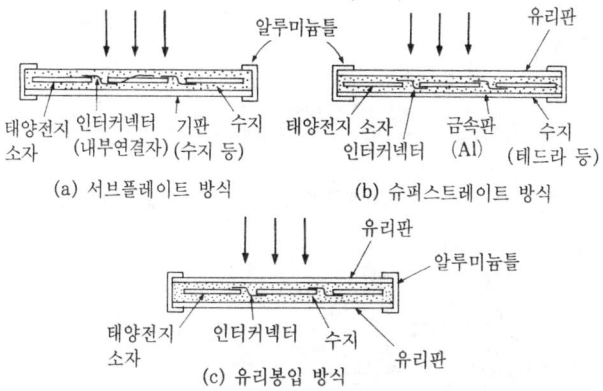

그림 2-9 결정계 Si 태양전지를 사용한 각종 전력용 모듈의 구조

투명 기판을 놓아 모듈의 지지판으로 하고, 그 밑에 투명한 충전재료와 뒷면 코트를 사용하여 태양전지를 봉입하고 있다. 투명기판으로는 유리가 적합하며 특히 빛 투과율이나 내충격강도가 좋은 점에서 열강화한 백판(白板)유리가 자주 쓰이고 있다. 충전재료로는 자외선에 의한 빛 투과율의 저하가 낮은 PVB(Poly Vinyl Butylol)나 내습성이 뛰어난 EVA(Ethylene Vinyl Acetate) 등이 주로 사용되고 있다. 그리고 뒷면 코트에는 알루미늄 등의 금속을 PVF('테드라'라는 상품명) 사이에 낀 샌드위치 모양의 층구조로 하여 내습성(耐濕性)과 고절연성(高絶緣性)을 유지하고 있다. 나아가서 모듈 전체의 강도를 유지하기 위해선 알루미늄 등의 틀을 끼운다. 이 공정을 그림 2-10에 나타냈다.

결정계실리콘 태양전지를 사용하는 경우에는 앞에서 설명한 그림 2-9(a), (b) 같은 방법으로 모듈을 형성한다. 이 방법은 태양전지 셀을 재배열하여 직렬로 선을 연결하여 높

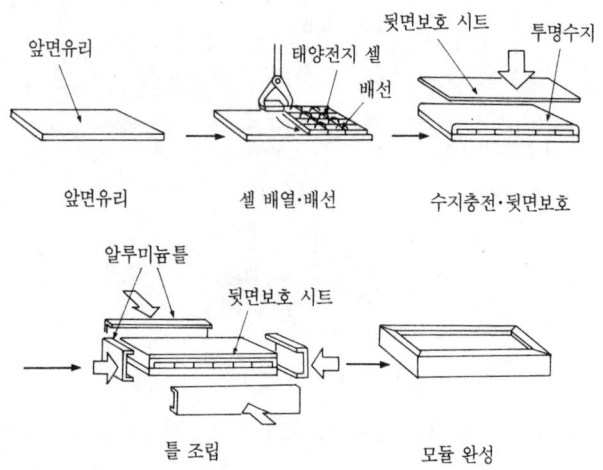

그림 2-10 태양전지의 모듈 조립공정(슈퍼스트레이트 방식)

은 전압을 얻고 있다. 그러나 이 방법은 조립비용이 높고 결선부위가 많으므로 개량이 요구된다.

한편, 비결정실리콘 태양전지의 경우는 비결정실리콘의 가스반응으로 형성된다. 얇은 막이라는 특징을 살려 집적형 비결정실리콘 태양전지가 필자 등에 의해 개발되고 있다. 이것은 1개의 기판상에 다수의 태양전지 셀을 건전지를 직렬로 연결하는 것같이 하여 높은 전압을 발생시키도록 하고 있다. 이 태양전지도 모듈을 구성하는 최소단위이며 서브모듈이라 한다.

이 태양전지의 구조를 그림 2-11(a), (b)에 나타냈다. 1개의 절연성 기판상에 형성된 각 셀은 패터닝에 의해 투명전극 그리고 뒷면전극을 통해 인접하는 셀과 각각 직렬로 접촉되어 높은 전압을 발생시킬 수 있다.

비결정실리콘 태양전지는 결정계 실리콘 태양전지의 경우와 같이 슈퍼스트레이트 방식이 개발되어 있으나 그림 2-12 같은 구조도 가능하다. 이 구조는 집적형 태양전지의 기판인 유리판을 그대로 빛을 받는 면의 보호판으로 사용하며, 면적의 대형화도 용이하다. 게다가 리드선에 의한 각 태양전지의 접속이 불필요하므로 조립공정은 더 간단해질 수 있다.

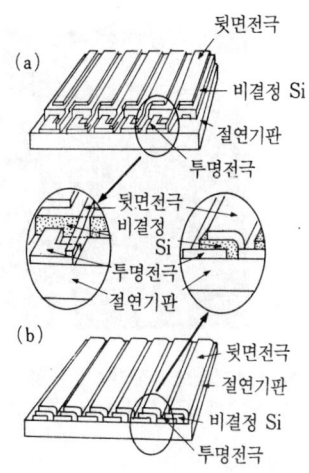

그림 2-11 집적형 비결정 Si 태양전지의 구조 (a) 집적형 타입 I, (b) 집적형 타입 II

현재 사진 2-4에서 보는 것 같은 가로 40cm, 세로 120cm의 1개의 유리기판상에 직접 비결정실리콘을 형성한 큰 면적의 비결정실리콘 태양전지가 시험제작되고 있다.

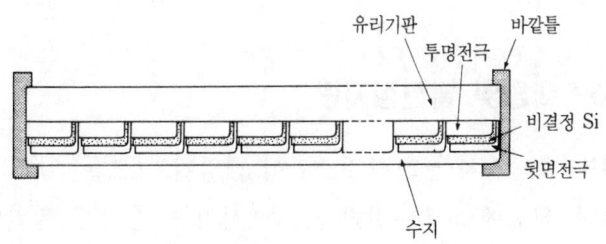

그림 2-12 비결정 Si 태양전지를 사용한 전력용 모듈의 구조. 표면보호판유리가 태양전지기판을 겸하고 있다.

사진 2-4 대형면적기판일체형 비결정 Si 태양전지
(크기 : 40cm×120cm)

　모듈은 앞에서 말했듯이 태양전지의 10센티각 정도의 것을 조합하므로 선을 연결하기 위한 빈 공간이나 강도를 유지하기 위한 알루미늄이나 고무로 바깥틀을 설치하므로 태양전지를 가득히 채울 수는 없다. 이러한 사실과 겸하여 표면에 보호유리를 부착하는 것으로 흔히 셀의 변환효율보다 모듈의 변환효율은 10에서 20% 낮아진다.
　현재 판매되는 모듈(40cm×120cm 정도)의 변환효율은 단결정실리콘 태양전지로서 10~14%, 다결정실리콘 태양전지로 9~12%, 비결정실리콘 태양전지로 6~9%이다.

2-6 태양빛 발전장치란

　태양빛 발전장치란 그림 2-8같이 태양전지(모듈, 앨리)를 사용하여 필요에 따라 전력을 발생시키는 장치를 말한다. 구성요소로서는 태양전지 외에 그것을 받치는 받침대, 전력을 비축하는 전력저장장치(축전지 등), 직류를 교류로 변

표 2-4 태양빛 발전장치의 채광 방식에 의한 분류

(1) 플랫 패널형 태양빛 발전	─ 고정형 앨리 방식 ─ 반고정형 앨리 방식 ─ 추적 방식	
(2) 집광형 태양빛 발전	─ 투과형 집광 방식 ─ 반사형 집광 방식	─ 패널 추적 방식 ─ 회전 방식 ─ 고정초점 추적 방식 ─ 이동초점 추적 방식

환하는 인버터(inverter)나 제어장치 등이 있다.

태양전지 시스템을 태양전지 모듈과 그 채광방식에 따라 분류하면 표 2-4와 같다.

플랫 패널형(flat panel 形)은 태양빛을 집광하지 않고 통상의 입사광 상태로 태양전지에 채광하는 것으로 그림 2-13에서 보는 바와 같다. 여기엔 태양전지 모듈을 1년 기간을 통해 평균적으로 가장 채광이 잘 되는 방위각(方位角)과 앙각(仰角)으로 고정하는 고정형 앨리 방식, 사계절 기간을 통해 여러 단계의 앙각으로 향하게 하는 반고정형 앨리 방식, 하루 중에도 방위각과 앙각을 함께 제어하는 추적(tracking) 방식이 있다.

집광형(集光形)은 집광한 고밀도의 태양빛 아래에서 태양전지 소자를 작동시키는 것으로, 1개의 패널을 추적하는 패널 추적 방식과 회전 방식 등이 있다. 어느 방식이든 집광형의 경우는 이러한 추적 장치에 비용이 들며 또한 보수를 해야 할 필요도 있다.

따라서 어느 장소에서의 태양빛 발전에 플랫 패널형이 좋은지 집광형이 좋은지 하는 문제는 설치장소의 기상조건이

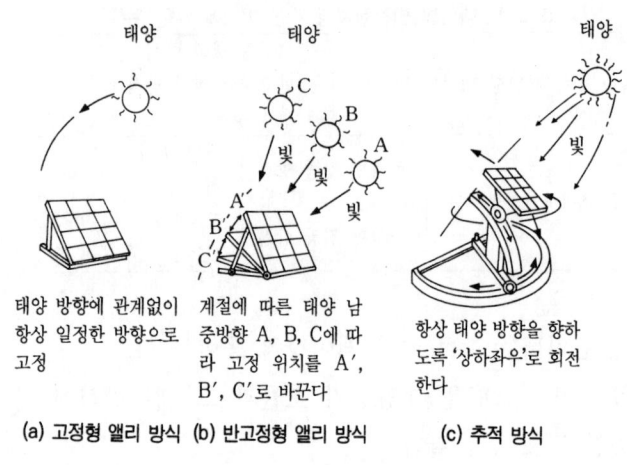

| (a) 고정형 앨리 방식 | (b) 반고정형 앨리 방식 | (c) 추적 방식 |
| 태양 방향에 관계없이 항상 일정한 방향으로 고정 | 계절에 따른 태양 남중방향 A, B, C에 따라 고정 위치를 A′, B′, C′로 바꾼다 | 항상 태양 방향을 향하도록 '상하좌우'로 회전한다 |

그림 2-13 각종 앨리 설치 방식

나 사용하는 태양전지의 가격 등을 고려하여 어느쪽이 효율이 높고 경제적인가를 결정할 필요가 있다.

미국에서는 집광형이나 플랫 패널형 추적 방식 등도 개발이 진행되고 있으나, 일본에서는 플랫 패널 고정식이 주류를 이룬다. 이것은 미국에서는 수평면 일사(日射)가 점하는 직달광(직접 지표에 도달하는 빛)의 비율이 높고 추적에 의한 연간 발전량의 증대를 예측할 수 있으나, 일본에서는 산란광의 비율이 높으므로 추적 방식의 장점을 살릴 수가 없기 때문이다.

태양빛 발전은 그 발전규모와 설치구분에 따라 표 2-5 같이 분류할 수 있다. 또한 그 방식은 태양전지에서 얻을 수 있는 직류전력을 축전지 등과 조합하여 독립시스템으로 사용하는가 혹은 사용전원과 인버터를 통해 연계시스템으

표 2-5 태양빛 발전장치의 발전규모, 설치구분에 의한 분류

(1) 지상용 태양빛 발전장치
  (a) 소규모 분산형 발전장치(100W~수10kW)
      각 가정, 개별 전원, 등대 등
  (b) 중규모 분산형 발전장치(수10kW~수100kW)
      학교, 병원 등
  (c) 대규모 집중형 발전장치(수100kW 이상)
      공장, 촌락, 소도시 등
(2) 우주 발전장치

표 2-6 발전 방식의 비교

	적요	장 점	단 점
분산 방식	소규모 발전	토지의 이용효율이 좋다 (이미 설치된 건축물, 빈 공간 이용) 긴 송전선이 필요없다 (발전장소와 수요가정의 근접)	많은 인버터, 연락장치가 필요하다
	중규모 발전		
집중 방식	중규모 발전 대규모 발전	크기에 따른 장점이 있다 (가격절감, 보수가 용이) 장치의 신뢰도 향상	토지의 이용효율이 나쁘다. 긴 송전선이 필요하게 되므로 효율이 나빠진다

로 사용하는가에 따라 두 종류로 분리된다.

독립시스템은 인공위성, 등대, 무선중계소용의 전원으로 이미 실용화되어 있다. 한편 연계시스템은 분산 방식과 집중 방식으로 구분되며 두 방식의 특성을 비교한 것이 표 2-6이다.

이처럼 태양빛 발전장치는 여러 가지 분류방법이 있으며 그 주목적에 따라 구분하여 사용할 수 있다. 기타 용도별, 가정용, 공장용 등으로 분류되기도 한다.

2-7 태양열 이용과 어떻게 다른가

 태양 에너지의 이용형태로서 흔히 잘 알려져 있는 것은 가정의 지붕에 설치되어 있는 태양열 온수기이다. 이것은 태양 에너지 이용에 있어 매우 중요한 첫걸음이며 가정에서 이용하기에는 가장 적합한 형태이다. 그러나 이 경우는 그 이용이 열 에너지로서의 이용이어서 에너지의 장거리 수송 등에는 적합하지 않다.

 한편 태양전지에서 발생하는 에너지는 전기이며, 전기 에너지는 열로도, 빛으로도, 전파로도 바꿀 수 있으며 또한 장거리 수송도 할 수 있다. 그런 뜻에서 전기는 매우 질 좋은 에너지원이라 할 수 있다.

 또한 한때 일본 시코쿠(四國)의 가가와(香川)현 니시오

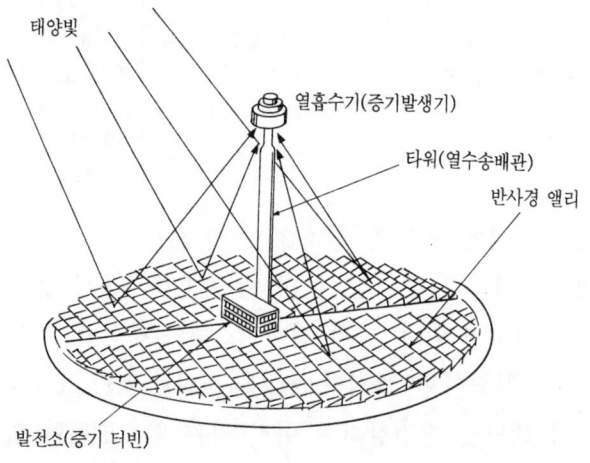

그림 2-14 태양열 발전소. 태양빛은 반사경 앨리에 의해 중앙에 있는 열흡수기에 모인다.

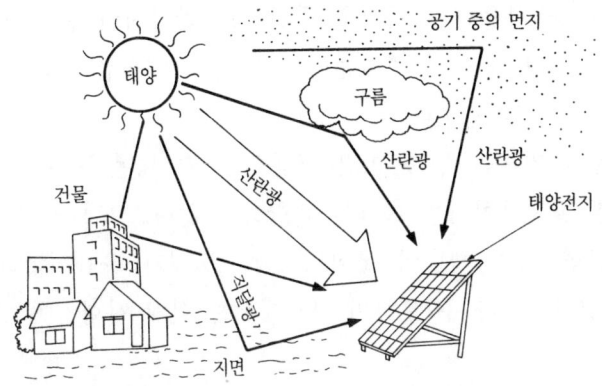

그림 2-15 직달광과 산란광. 태양전지는 직달광만 아니라 산란광도 이용한다.

(仁尾) 마을에 선샤인 계획에 의한 그림 2-14 같은 태양열 발전장치가 건설되어 실험된 일이 있다. 이때의 발전원리를 보면 먼저 태양빛을 큰 거울로 반사시켜 한 장소에 집광한다. 집광된 태양빛은 큰 에너지를 갖고 있으므로 그것으로 물을 끓여 증기를 발생시켜 터빈을 통해 보통의 화력발전소와 같이 발전기를 돌려 전기를 발생시키는 것이었다.

이따금 태양전지 발전시스템과 이 '태양열 발전시스템'을 혼동하고 있는 사람이 있으므로 그 차이점에 대해 약간 설명하기로 하자. 태양빛에는 그림 2-15에서 보는 것같이 두 종류가 있다.

하나는 태양에서 직접 지표에 도달하는 빛, 이것을 직달광이라고 부른다. 또 하나는 구름이나 지표, 건물에 반사되는 것으로 이것을 산란광이라 부른다. 태양열 발전장치는 태양빛 중에서 직달광을 주로 이용한다. 독자들은 소년시절에 거울을 사용하여 햇빛을 방안으로 반사시켜 본 경험이 있을 것이다. 거울의 반사는 갠 날 태양이 직접 나타나 있을 때밖에 할 수 없다.

일본의 기후는 연중 기간 구름이 무척 많은 기후이므로 태양열 발전장치에는 그다지 적합하지 않다. 그러나 사막지방은 1년 내내 햇빛이 쪼이므로 이 장치가 유효적절하며, 미국 캘리포니아 주 모하비 사막에서는 현재 시험가동 중에 있다.

한편 태양전지는 직달광이든 산란광이든 충분히 발전할 수 있다. 즉 제2장 2절에서 말한 대로 갠 날은 보다 많이 발전하고 흐린 날도 나름대로 발전할 수 있으므로, 일본같이 구름이 많은 기후에서도 충분히 실용적인 성능을 발휘할 수 있다.

3. 여기까지 온 태양전지

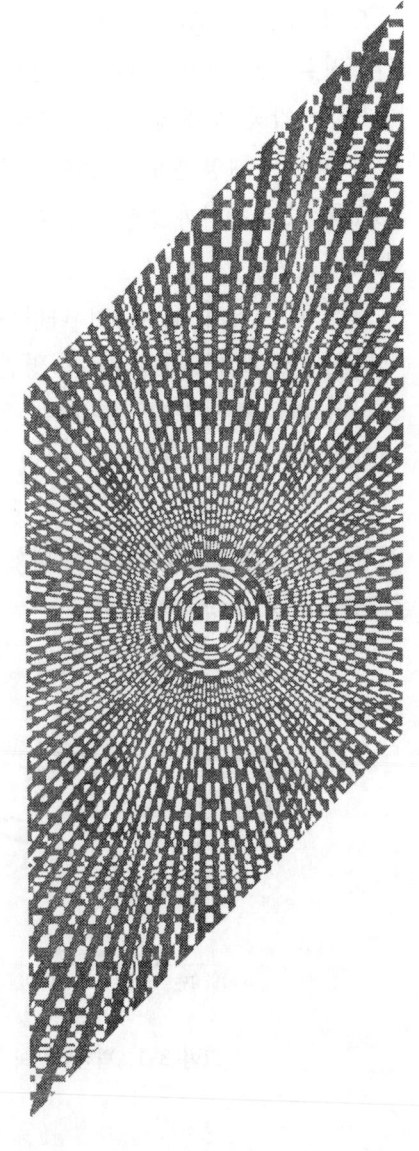

3-1 태양전지의 성능은 훨씬 좋아졌다

오일 쇼크(1973년) 시점에서의 태양전지의 변환효율은 단결정실리콘 태양전지로서 13% 정도였다. 그것이 선샤인 계획 등 각국 사업계획의 연구개발성과에 의해 그 사이 단결정실리콘 태양전지는 20%, 다결정 실리콘 태양전지는 15%를 초과하기까지에 이르도록 급속하게 향상하였다(그림 3-1).

또는 1976년에 혜성같이 나타난 비결정(아몰퍼스)실리콘 태양전지는 제2장 5절에서 설명한 것같이 저가격 태양전지로서의 자질은 높으나 당시에는 작은 면적(사방 2mm)에서 변환효율이 2%로 매우 저조하였다.

그러나 그 후의 연구개발로 급속히 향상하여 1991년의 시점에서 10센티미터각에서 11%를 초과하기에 이르렀다. 즉 5배 이상 향상하였다.

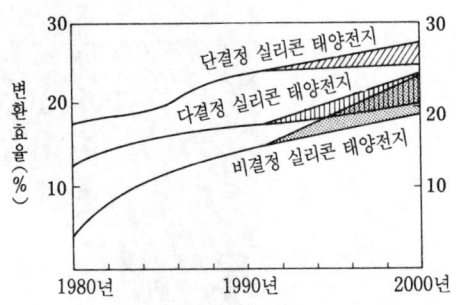

그림 3-1 변환효율의 추이와 예측

3-2 태양전지의 가격은 10년 전의 10분의 1

태양전지의 가격은 1983년 오일 쇼크 당시 1와트당 약 3만 엔 정도였다. 그러므로 인공위성의 전원 등 특수한 용도에만 사용되었으나, 그 후 국가사업 등의 개발이 진행되어 성능향상과 함께 시장이 넓어져서 그림 3-2같이 생산량이 확대되었다. 이 10년간에 태양전지의 생산량은 전세계적으로 보아 약 10배로 증대하여 4만 6500kW에 이르고 있다.

미국, 유럽에서는 최근의 지구환경문제나 체르노빌의 원자력발전소 사고를 계기로 태양전지의 응용이 많아져 그 생산량이 확대되고 있다.

일본에서는 그림 3-3에서 보는 바와 같이 비결정실리콘

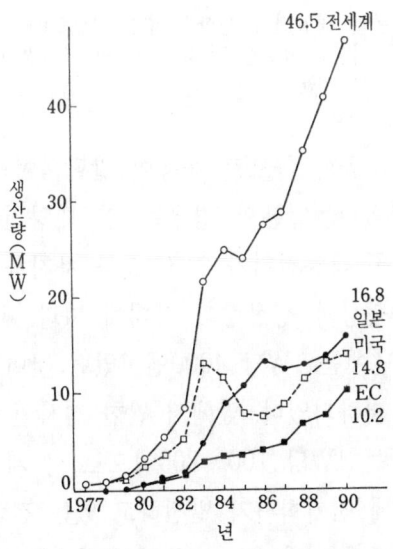

그림 3-2 세계의 태양전지 생산량 추이. 일본의 태양전지 생산량은 최근 수년 사이에 세계를 리드하고 있다.

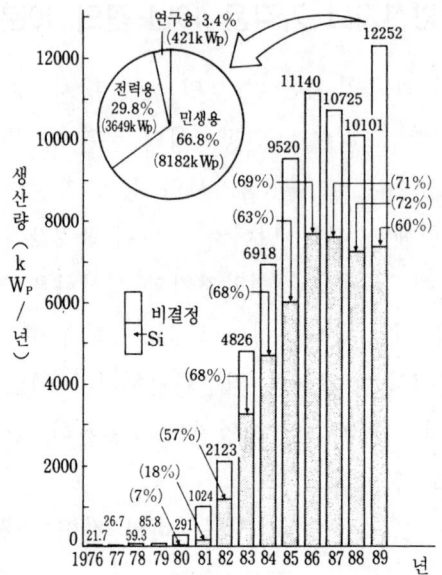

그림 3-3 일본의 태양전지 생산량 추이〔광산업(光産業) 기술진흥협회에 의함〕. 비결정 Si 태양전지의 생산량이 전체의 약 60%를 점하고 있다.

태양전지의 전자공학 쪽으로 응용이 발달하여 생산량이 급속하게 증대하였다. 일본의 경우는 전 태양전지의 생산량 중 비결정실리콘 태양전지가 약 60%를 차지하고 있다.

이처럼 성능향상과 생산량의 확대에 따라 제2장의 그림 2-4같이 1980년에는 1W당 4000엔이었던 것이 1990년에는 700엔 정도로 저하되었다. 앞에서 말한 선샤인 계획에 의하면 2000년까지는 1W당 100~200엔으로 할 계획이며, 이런 가격이라면 현재 전기회사가 발전하고 있는 전력 비용과 거의 같게 되어 가정용 발전소가 현실의 것으로 된다. 수 있다.

3-3 깃털같이 가볍고 굽힐 수 있는 태양전지 출현

비결정 실리콘 태양전지는 300℃ 이하란 저온에서 태양전지를 형성할 수 있으므로 그림 3-4같이 내열성의 플라스틱 필름상에 태양전지를 형성할 수 있다. 단결정실리콘 태양전지나 다결정실리콘 태양전지는 제2장 5절에서 설명한 것같이 이처럼 플라스틱 필름상에 형성할 수는 없다.

새로운 형성기술로 가볍고 또한 굽힐 수 있는 태양전지가 필자 등에 의해 개발되었다. 이러한 태양전지의 특징을 살려 사진 3-1에서 보는 태양전지 자켓, 태양전지 양산 등 휴대용 전원이 개발 중이다. 바야흐로 캠프용의 태양전지를 만드는 것도 가능하게 되었다.

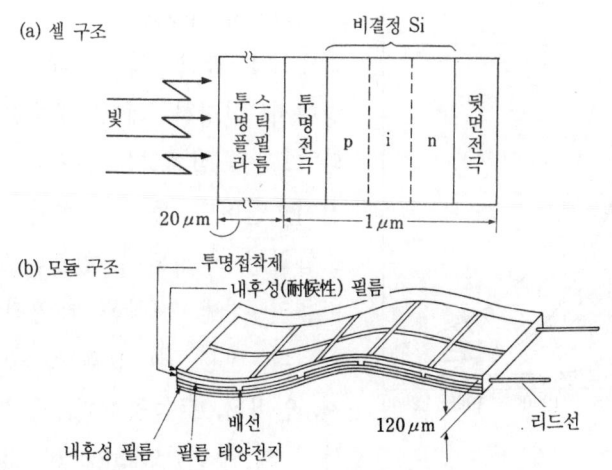

그림 3-4 비결정 태양전지 필름의 구조 (a) 셀 구조 (b) 모듈 구조

사진 3-1 비결정 태양전지 필름의 응용제품

3-4 건축자재와 일체가 된 태양전지

태양전지 기왓장

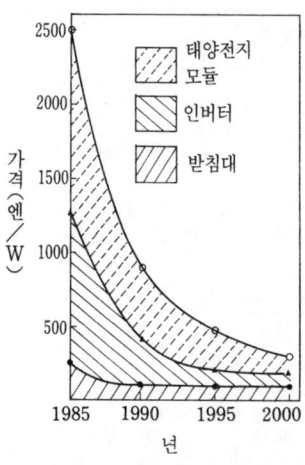

그림 3-5 태양빛 발전장치의 가격 예측(토지 가격은 제외)

태양빛 발전장치는 흔히 제2장에서 설명한 대로 태양전지와 그것을 설치하는 받침대, 축전지, 인버터 등의 주변기기를 조합하여 구성되어 있으나 그 비용의 절반 이상은 태양전지 이외의 비용 즉 받침대, 축전지, 인버터, 토목공사비, 배선공사 등의 주변(Balance of System:BOS) 비용이어서 BOS 비

사진 3-2 태양전지를 설치한 예

용의 감소가 태양전지의 염가화와 함께 요망되고 있다.

태양빛 발전장치의 견적(축전지 없이)으로 그림 3-5의 결과가 보고되고 있으나, 받침대 비용은 2000년에는 BOS 비용의 30~40%에 이를 것으로 예측되고 있다. 그러므로

(1) 일본은 토지가 좁고 값이 높으므로 종래의 태양전지 패널을 설치하기 위한 새로운 공간을 확보하기 어렵다.

(2) 장래에는 BOS 가격에 차지하는 받침대 가격의 비율이 커진다.

등의 점을 고려하여 건축자재와 일체가 된 태양전지의 개발이 매우 바람직하다.

또한 사진 3-2같이 종래의 태양전지를 받침대 위에 올려 놓기나 하면 외관상 보기에도 그리 좋지 않다. 억지로 맞춘 것 같은 인상을 준다.

종래의 받침대를 사용한 태양전지 모듈을 지상에 설치하는 경우와 기왓장과 일체가 된 태양전지를 지붕에 설치하는 경우를 비교하면 다음과 같은 이점을 후자의 경우에서 찾을

사진 3-3 태양전지 기왓장   사진 3-4 슬레이트식 태양전지 기왓장

수 있다.

(1) 태양전지를 주택의 지붕에 설치하기 위해서 종래 필요하였던 설치용 토지가 불필요하다.

(2) 기왓장과 일체화되어 있으므로 태양전지를 받치기 위한 받침대가 필요 없다.

(3) 기왓장과 일체화된 태양전지를 설치한 장소에는 종래의 기왓장이 필요 없다. 이상으로 보아 기왓장과 태양전지를 일체화하면 가격 면에서 유리해지는 것도 기대할 수 있다.

그런 점에서 필자는 기왓장과 일체로 한 태양전지, 즉 태양전지 기왓장을 개발하였다.

태양전지 기왓장에는 현재 두 종류가 있으며, 사진 3-3이 재래식 기왓장이고 사진 3-4는 슬레이트 기왓장이다.

재래식 기왓장은 그림 3-6같이 유리로 된 기왓장(이것은 주로 채광용으로 일본에서 사용된다)의 뒷면에 직접 비결정 실리콘 태양전지를 형성한 것이다. 비결정실리콘 태양전지는 가스반응으로 형성되므로 유리 기왓장 같은 구부러진 면

3. 여기까지 온 태양전지 69

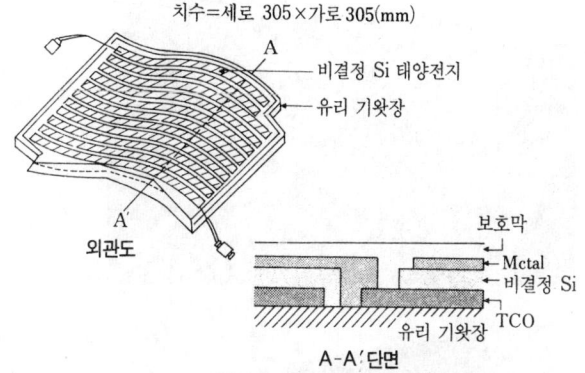

그림 3-6 태양전지 재래식 기왓장의 구조

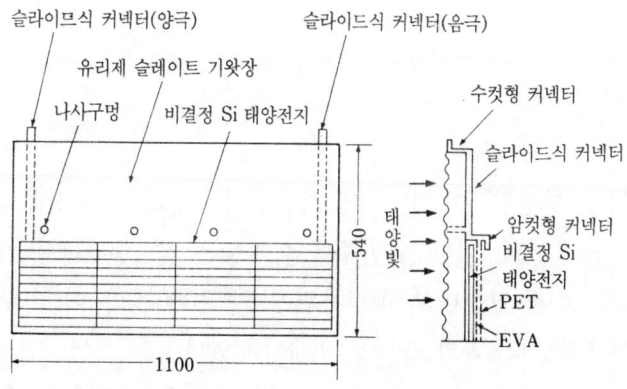

그림 3-7 슬레이트식 태양전지 기왓장의 구조

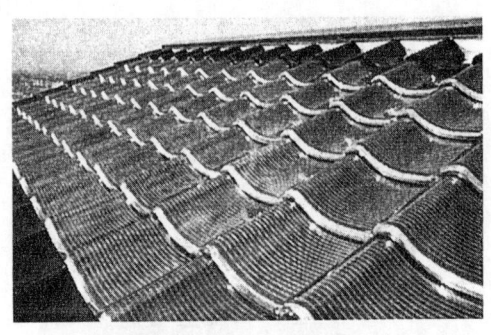

사진 3-5 태양전지 기왓장을 인 모델주택 (위) 재래식 기왓장
(하) 슬레이트 기왓장

에도 직접 형성할 수 있다. 이 태양전지 1개에서 약 3W의 출력을 획득할 수 있다. 일반주택의 지붕은 약 2000개의 기왓장으로 되어 있는데 남쪽경사면에 약 1000개의 이 기왓장을 대체하면 3kW의 출력을 얻을 수 있다.

슬레이트식 태양전지 기왓장은 그림 3-7같이 태양전지를 보통 시판되고 있는 유리제 슬레이트 기왓장의 뒷면에 붙인 구조로 되어 있다. 이러한 태양전지 기왓장은 모두가 커넥

3. 여기까지 온 태양전지 71

터(connector)로 쉽게 연결할 수 있다.

슬레이트 태양전지 기왓장의 출력은 개당 15W를 얻을 수 있다. 일반주택은 슬레이트 기왓장을 400개 사용하므로 남쪽경사면에 약 200개만을 설치하여 3kW의 출력을 얻을 수 있다.

사진 3-5는 각각의 태양전지 기왓장을 사용한 모델주택이다.

태양전지 유리창

투명한 태양전지가 출현하였다. 필자 등이 새롭게 개발한 것이다. 태양전지는 이미 말한 대로 빛을 흡수해 전기를 발생시키므로 투명할 수가 없다.

그러나 비결정 실리콘 태양전지의 경우는 두께가 불과 1 미크론 정도(머리털은 40미크론 전후)이므로 그림 3-8같이 작은 구멍을 특수가공으로 뚫으면 자연광이 구멍에서 새어나와 반대쪽이 투명해 보인다는 원리이다. 즉 레이스 커튼 너머로 바깥 풍경이 보이는 것과 같은 원리이다. 사람의 눈

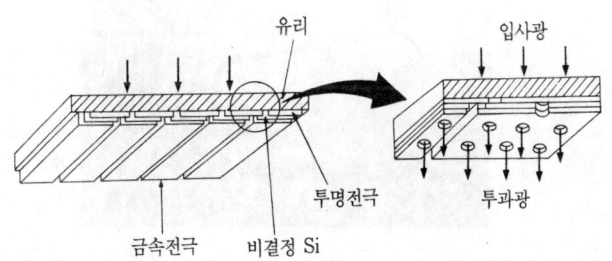

그림 3-8 투명비결정 Si 태양전지의 단면도. 빛을 투과함과 동시에 발전할 수 있는 태양전지이다.

사진 3-6 투명 비결정 태양전지(유리창에 설치한 예)

사진 3-7 투명 비결정 태양전지를 설치한 자동차(마쓰다 제공)

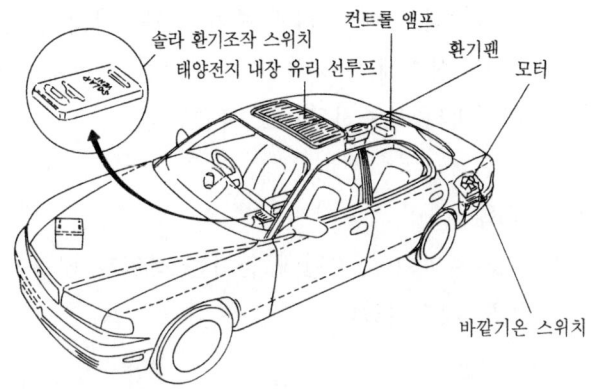

그림 3-9 투명 비결정 태양전지를 사용한 환기장치(마쓰다 제공
 ; 센티아). 선루프의 태양전지 출력으로 뒷부분에 있는 환
 기모터를 회전시킨다.

은 어두운 데서 밝은 데를 볼 때 대단히 강도가 좋다는 특
성을 살린 것이다.
 작은 구멍의 전체 면적이 태양전지 전체를 차지하는 비율
은 통상 10~20%로 충분히 밖을 볼 수 있다.
 즉, 남은 80~90%는 태양전지에 흡수되어 발전에 기여
한다. 이러한 태양전지를 창문에 설치하면 빛을 받아들이는
것과 동시에 보통의 태양전지가 발생하는 전기 에너지의
80~90%의 전기도 획득할 수 있다. 사진 3-6은 그것을 주
택의 유리창으로 사용한 보기이다.
 마쓰다의 센티아란 자동차의 지붕에 10W의 전기가 발생
하는 투시용 태양전지가 답재되어 발매되었다(사진 3-7).
이것은 본격적으로 태양전지를 탑재하여 양산한 차로는 세
계 최초이다.
 이때 발생하는 전력은 그림 3-9같이 전용으로 설치된 배

기팬에 공급되어 갠 날에 야외에 주차한 자동차의 실내온도를 낮추기 위한 환기에 사용하거나, 장기간 자동차가 방치되었을 때 배터리의 보충전원으로 사용된다.

태양전지 타일

건축자재 중 외벽이나 지면에 붙이는 타일과 태양전지를 일체로 한 것도 개발되었다.

사진 3-8 비결정 태양전지 타일

사진 3-9 공원에 설치된 태양전지 타일

3. 여기까지 온 태양전지   75

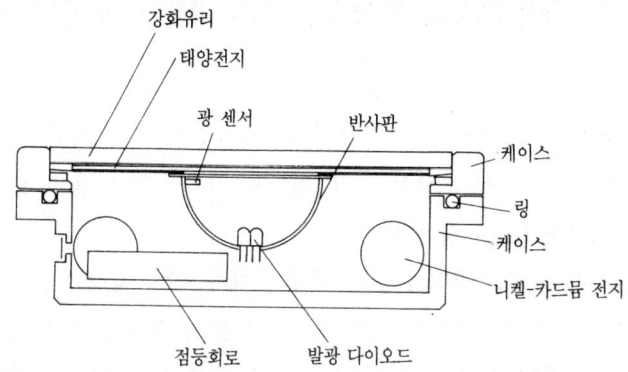

그림 3-10 태양전지 타일의 단면구조도. 광 센서가 야간을 감지
하였을 때 태양전지에 의해 충전된 니켈-카드뮴 전지의 출
력으로 발광 다이오드를 점등시킨다.

 사진 3-8에서 보는 것 같은 것으로 중심부의 태양전지 부분이 단풍잎의 모양이며 하부에 발광 다이오드가 설치되어 있어 태양전지에서 발생한 전기를 일단 축전기에 비축하고 야간에 이 전기로 발광 다이오드를 점등한다. 그림 3-10은 단면구조도이다.
 이런 것들은 건물 외벽에 설치하여 선전매체로서 사용하거나, 공원바닥에 설치하여 보행안내를 하거나, 별자리의 모양을 따서 특이하게 응용하는 경우도 있다.
 사진 3-9는 오사카부 다카키시에 설치된 예이다.
 밤이 되면 주간태양전지에 저장되었던 전기로 붉은 발광 다이오드가 반짝이는 것이 마치 반딧불이 움직이는 것같이 보인다.

3-5 태양전지의 앞으로의 개발과제는 무엇인가

각종 국가사업이나 대학, 공공연구기관, 민간기업의 노력으로 태양전지의 개발은 순조롭게 진행되어 왔으나 아직 해결해야 할 많은 문제가 남아 있다. 간단히 요약하면 다음과 같다.

● 성능(변환효율)의 향상

그림 3-1같이 변환효율은 태양전지에서는 향상하였으나 가일층 더 높은 향상이 요망된다. 효율이 2배로 향상하면 태양전지 패널의 설치면적은 2분의 1이 된다. 전력용 태양전지로 사용되기 위해서 2000년까지 현상태에서 다시 1.5~2배 정도로 향상되도록 선샤인 계획에 의한 개발이 진행되고 있다.

● 신뢰성의 향상

태양전지의 수명은 실용적인 관점에서 매우 중요한 요소이다. 태양전지의 발전 부분은 반도체이므로 그 수명은 반영구적이다. 그러나 플라스틱이나 리드선, 플레임 등을 포함하여 장시간의 수명이 필요하다. 현재 약 20년의 수명을 30년 이상으로 향상시키기 위한 노력이 계속되고 있다.

● 혁신적 생산수단의 개발

현재 일본에서의 태양전지의 생산량은 1990년에 겨우 1만 400kW 정도이다. 이것은 보통의 화력발전소 발전량인 1기당 50만kW 이상에 비하여 약 40분의 1이다. 본격적 태양빛 발전 시대에는 현재 생산량의 100배에서 1000배 정도 규모의 혁신적 생산수단을 개발하여 저가격화를 겨냥할 필요가 있다.

3-6 태양전지의 성능은 어디까지 신장할 것인가

변환효율이 갖는 의미

태양전지의 성능을 나타내는 변환효율이 어디까지 신장할 것인지를 생각하기에 앞서 변환효율이 갖는 뜻을 음미하여 보자. 변환효율이 10%라는 것은 90%의 에너지가 낭비된다는 뜻이다.

화력발전이나 원자력발전 등에 사용되는 터빈 발전기의 35~40%의 변환효율에 비하면 매우 뒤떨어져 보이나 이것은 오해이다. 태양전지에서 발전하는 경우의 연료는 태양빛이며 그것은 이용하지 않으면 자연으로 되돌아가는 에너지이다.

한편 화석연료는 태양 에너지를 식물에 비축한 것으로 태양빛에서 식물에의 변환효율도 곱하여 생각하지 않으면 안된다. 또한 화력발전의 경우는 귀중한 화석연료를 사용하여 환경을 악화시키면서 얻은 열 에너지의 효율인 것이다.

말하자면 이산화탄소의 회수에 관한 대책비용은 현재 포함되어 있지 않은 것이다. 따라서 태양전지가 전체적인 의미로는 고효율이라 할 수 있는 것이다.

태양전지의 변환효율의 이론적 한계는?

태양전지의 변환효율은 무엇으로 결정되는 것일까. 약간 설명을 더해 보자.

변환효율이란 태양전지에 입사한 빛이 전기로 변하는 비

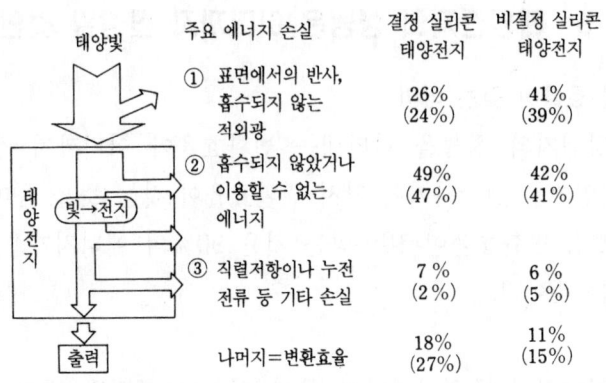

그림 3-11 현상태의 태양전지 내부의 에너지 손실. ( )내 값은 이상상태에서의 값

율이란 것은 이미 설명하였다. 왜 100%가 되지 않는지 이유를 설명하자.

그림 3-11같이, 태양전지에 빛이 도달하여도 그림의 ①같이 표면에서 반사되거나 반도체에서 흡수되지 않는 부분은 에너지의 손실로 된다. 또한 빛에서 전기로 변환되어도 외부로 전류를 발생시켜 저항손실로서 상실되는 것도 있다.

이것에 대해 좀더 상세하게 설명하겠다. 태양전지의 표면에서 반사되는 부분은 반사방지막 등을 설치하므로 통상 10% 이하이다. 다음에는 반도체에 흡수되는 부분인데 이것은 사용하는 반도체 재료의 종류에 따라 크게 다르다.

태양빛은 그림 3-12같이 자외광, 가시광, 적외광을 포함하는 넓은 범위의 빛의 종류 즉 넓은 파장영역을 갖고 있다. 이 태양빛이 태양전지에 사용되고 있는 반도체에 입사하여도 전체 파장영역의 빛이 흡수되는 것은 아니다. 흡수

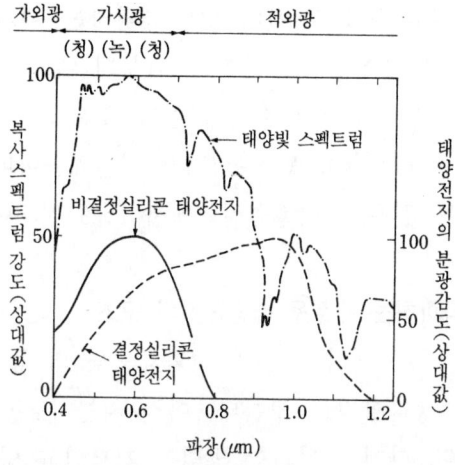

그림 3-12 빛의 스펙트럼과 태양전지의 감도

되는 파장은 사용되는 반도체 재료의 물성(band gap)에 의해 결정된다.

그림 3-12에 나타낸 것같이 결정계 실리콘은 일반적으로 적외영역의 파장 0.8~1.0미크론 부근에서 감도가 최상이고, 결정실리콘보다 밴드 갭이 큰 비결정실리콘은 가시광영역에서 감도가 최상이다. 따라서 기타 영역의 태양빛은 충분하게 이용하지 못하는 결과가 된다. 현상태의 태양전지에서는 흡수되지 않은 부분은 결정실리콘계에서 26%이고 비결정실리콘계에서는 41%나 된다.

또한 흡수된 태양빛이 앞에서 말한 것같이 전자와 양공을 발생시켰다 하여도 외부로 발전하기까지 재결합하거나 태양전지 내의 내부저항에 의한 전류손실이 생긴다. 이것은 6~7%이다.

따라서 그림 3-11의 ①～③에 해당하는 에너지 손실을 감소시키면 변환효율은 향상한다. 각부의 에너지 손실을 이상적인 수준까지 감소한 값이 그림의 괄호 속의 값이다. 이러한 최소한의 손실을 뺀 나머지가 이론효율이며 결정실리콘에서 27% 전후, 비결정실리콘에서 15% 전후이다.

한계를 타파하는 새로운 태양전지의 구조

독자들은 27%에서 15%의 변환효율을 더 높일 수는 없을까 하고 생각할지도 모른다. 이 숫자는 '보통'의 구조에 대한 것이며, 한계를 타파할 방법도 검토되고 있다. 앞에서 말한 것같이 보통의 태양전지는 태양빛의 일부만을 이용하고 있다는 것을 상기하기 바란다. 즉 비결정실리콘계는 가시광을 중심으로, 결정계 실리콘에서는 적외광을 중심으로 이용하고 있다.

그러므로 태양전지를 다층구조로 하여 태양빛의 많은 부분을 흡수하려는 시도가 이루어지고 있다. 그 대표적인 예가 비결정실리콘계의 3층구조를 이용한 것으로서 그림 3-13(멀티갭의 감도특성과 구조)에서 보는 바와 같다.

비결정실리콘에 탄소를 혼합하면 푸른빛의 이용효율이 높아진다. 역으로 게르마늄을 혼합하면 적외광의 이용효율이 높아진다. 자외선, 가시광, 적외선 등 여러 가지 빛을 포함하는 태양빛에 대응하여 태양전지도 역할분담한 구조로 한다. 이 구조로서 변환효율의 이론한계는 24%로 보고 있다.

앞으로 신재료가 출현하면 이 숫자도 더욱 높아질 수 있다. 비결정재료는 그 특징으로 꼽을 수 있는 유연성에 의해

3. 여기까지 온 태양전지 *81*

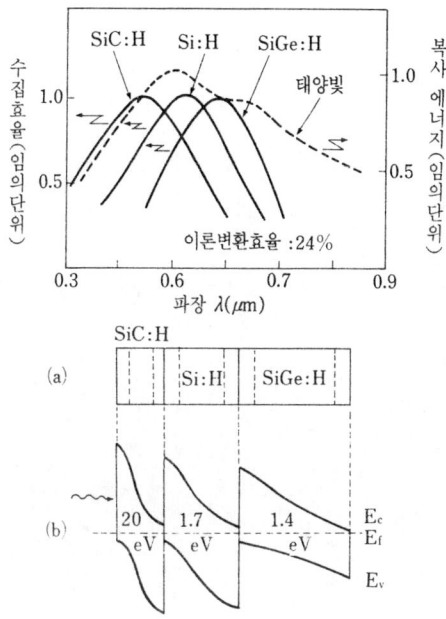

그림 3-13 멀티밴드 갭 비결정 Si 태양전지 (a) 구조, (b) 밴드프로파일

그림 3-13같이 적층구조나 재료의 조성변화를 비교적 용이하게 실현할 수 있다. 결정실리콘의 경우는 갈륨·비소 같은 재료와 조합함으로써 30% 이상의 효율도 가능하다. 또한 결정실리콘과 비결정실리콘의 조합도 결정실리콘이 적외광의 변환을 용이하게 하므로 유망하다.

이처럼 태양전지의 효율은 앞으로도 계속 증대할 것이며 현재 한계로 여기고 있는 효율의 값도 장래의 연구진전에 의해 넘게 될 가능성이 높다.

4. 태양전지를 이용한 태양빛 발전 장치를 사용하고자 하는 사람들을 위해

4-1 태양전지로 움직일 수 있는 것

빛에서 전기를 발생하는 태양전지. 그 태양전지와 빛이 있으면 그것으로 발생하는 전기로 여러 가지 기기를 움직이는 것이 가능해진다. 그렇다면 독자가 10cm각 정도의 태양전지를 갖고 있다면 시계나 탁상전자계산기 같은 작은 것에서 텔레비전이나 냉장고 같은 큰 것까지도 모두 가동할 수 있는가 하면 그렇지는 않다.

왜냐하면 흔히 쓰이는 전기제품에도 전지로 움직이는 것, 100V의 가정용 교류전원으로 움직이는 것 등이 있어 각각 규격에 맞는 전원을 사용해야 하기 때문이다.

보통 태양전지가 발생시키는 전기는 가정의 콘센트에 흐르는 전기와는 달리 일반 전지와 같은 직류이다. 직류로 움직이는 전기제품도 전압이나 전류에 맞추어 태양전지를 선택할 필요가 있다. 또한 교류로 움직이는 전기제품에 대해서는 직류에서 교류로 변환하는 장치가 있다. 이것에 대해서는 다음 절에서 설명하겠다.

몇 가지 방안이 있으나 전기로 움직이는 대부분의 기기는 태양전지로 작동된다.

알맞은 태양전지를 선택하는 것이 중요하다

앞에서도 이야기한 바와 같이 여러 가지 전기제품을 작동하는 데는 각각에 맞는 태양전지를 선택하는 것이 중요한 문제가 된다. 그러나 태양전지를 선택할 경우에는 '무엇을'

4. ⋯ 태양빛 발전장치를 사용하고자 하는 사람들을 위해 85

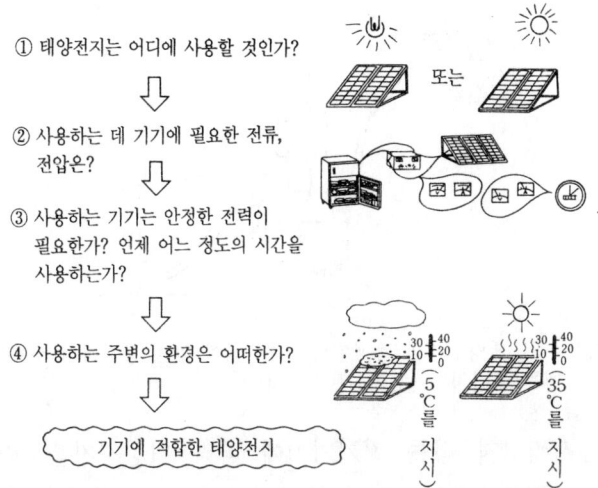

그림 4-1 태양전지의 선택방법. 사용조건(장소, 규모, 사용시간, 주위환경)에 따라 태양전지를 선택하는 것이 중요하다.

작동시킬 것인가만이 아니라 어떠한 장소에서, 어떠한 환경 하에서 사용할 것인가 하는 것도 큰 판단기준이 된다.

그림 4-1에 태양전지를 선택할 때의 순서를 나타냈다.

태양전지의 기본적인 선택방법으로 우선 옥내인가 옥외인가 어디에서 사용할 것인가를 정한다. 다음에, 사용하는 기기의 필요한 전압과 전류를 알아보고 일사량, 온도, 비, 공기의 오염도, 사용하는 주위환경을 고려하여 태양전지를 선택한다.

적당한 조건에 해당하는 것을 카탈로그에서 고르고(카탈로그를 보는 방법은 제4장 5절에서 설명한다), 작동시키고자 하는 것을 그 목적에 맞도록 고안하여 이용한다. 이렇게 하는 것이 현명한 태양전지의 이용법이다.

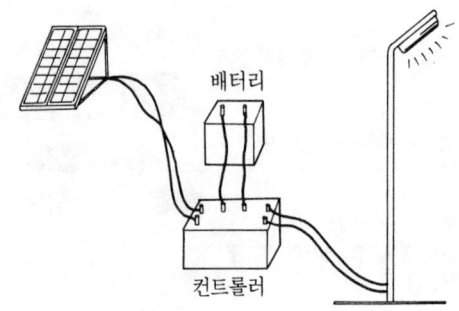

그림 4-2 태양전지와 축전지의 조합. 빛이 없는 장소에서 사용할 때는 축전지(2차전지)가 필요하다.

작동시키고자 하는 전기기기에 따라 태양전지를 고른다는 것은 매우 어려운 일같이 여겨지나 우리가 보통 아무런 뜻 없이 사용하고 있는 건전지도 단일이나 단이, 단삼 혹은 버튼전지 나아가서 알칼리 전지나 니켈-카드뮴 전지 등 그 용도에 따라 구분해야 한다.

태양전지도 이런 경우와 같이 작동코자 하는 기기에 따라 이용하는 태양전지를 선택할 필요가 있으며 그렇게 함으로써 안전하고 또한 효율적으로 이용할 수 있다.

축전지가 있으면 밤에도 걱정 없다

빛에서 전기를 발생하는 태양전지에 있어 가장 난처한 장소는 당연히 빛이 없는 곳이다. 그러나 전기로 작동되는 기기는 항상 빛이 쪼이는 곳에 있는 것만은 아니다. 특히 가로등 같은 것은 빛이 없는 곳에 필요한 것이며 역으로 태양전지에 의해 전기를 발생할 수 있는 빛이 있을 때는 가로등이 불필요하다.

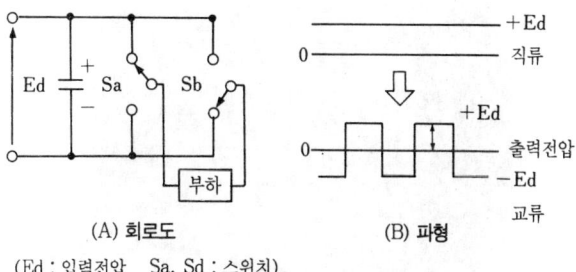

(A) 회로도   (B) 파형

(Ed : 입력전압 Sa, Sd : 스위치)

그림 4-3 인버터의 동작 원리. 인버터는 직류를 교류로 전환할 수 있다.

그렇다면 태양전지는 이러한 것에는 이용할 수 없는 것일까? 이러한 것을 가능하게 하기 위해서는 그림 4-2같이 태양전지와 충전식의 전지-이것을 축전지라 하며 납 축전지나 니켈-카드뮴 전지 등이 여기에 해당한다-를 조합함으로써 빛이 쪼이는 낮에 태양전지에 의해 발생된 전기를 충전식의 전지에 저장해 두고 밤에 저장되었던 전기를 축전지에서 발생시키면 되는 것이다.

인버터로 교류전기도 발생시킬 수 있다

태양전지가 직류전기를 발생한다는 것은 앞에서도 설명하였다. 그러나 일반 가정용의 전원은 교류이므로 가정용 전기기기는 교류전기로 움직일 수 있도록 만들어져 있다. 따라서 이러한 기기를 태양전지로 움직이려면 직류의 전기를 교류로 바꾸기 위한 장치가 필요하다. 이것은 흔히 인버터라고 한다.

인버터의 원리는 그림 4-3 (A)같이 직류전기를 반도체

사진 4-1 2kW 인버터

트랜지스터를 사용한 스위치 전환으로 그림 4-3 (B) 같은 펄스 모양의 교류전기로 변환하는 것이다. 인버터는 출력에 따라 성능이나 크기가 변한다. 대표적인 보기로서 가정용 2kW 태양빛 발전장치에 쓰이는 인버터를 사진 4-1에서 볼 수 있다.

응용하기에 따라 여러 가지를 작동할 수 있다

이상에서 설명한 것같이 태양전지에서 빛으로 발생한 전기는 고안하기에 따라 여러 가지 전기기기의 작동을 가능하게 한다는 것을 이해하였으리라 여긴다. 그러나 우리는 태양전지가 이전부터 이용되고 있는 다른 전원에 비해 제2장에서 설명한 것같이 많은 차이점(장점과 단점)을 가지고 있다는 것을 충분히 인식하고 나서, 보다 효율적으로 또한 나름대로의 특징을 살릴 수 있는 것에 이용·응용해야 하는 과제를 지니고 있다.

4-2 태양빛 발전장치의 손질법과 카탈로그 보는 법

지금은 탁상전자계산기, 시계, 충전기 등 태양전지를 장치한 제품이 많아졌으며 그러한 제품들에 대해서는 독자분들도 익숙해졌을 것이다. 이러한 제품을 사용하는 사이에 자신도 태양전지를 사용하여 무엇인가 만들어 보고 싶다든가 움직여 보고 싶은 생각을 갖게 된 독자들도 많았을 것이라 믿어진다.

필자 외 여러 사람들이 목표로 하는 것은 세계의 전력을 태양전지로서 충족시키는 것이다. 그러기 위해서는 여러분들도 태양전지에 흥미를 갖고 다루면서 주변 가까이의 것으로 사용하여 주었으면 하는 바람이다.

그러나 아직은 태어난 지 얼마 되지 않은 태양전지이므로 어디에서나 손쉽게 살 수 없다는 것이 지금의 실정이다.

태양전지를 전기부품점 등에서 구할 수 있다

태양전지는 전기부품이므로 대도시의 수많은 전기부품점에서 구할 수 있다. 전기부품점 이외에도 태양전지 코너를 설치하여 판매하는 상점도 출현하고 있다(120쪽 참조).

더욱이 2000년에도 태양전지의 가격은 1W당 100~200엔이 될 것으로 예측되며 건전지같이 싼 가격으로 어디에서나 태양전지를 살 수 있는 시대가 멀지 않아 올 것이다.

어떻게 선택하면 좋은가

건전지를 살 때에 종류, 용량, 필요한 개수를 생각하여 사는 것같이 태양전지를 선택할 때에도 기준이 있다.

우선 태양전지는 옥내용과 옥외용이 있으며, 각각 형광등을 비롯한 실내조명의 빛과 태양빛으로 발전한다. 다음에 필요한 전압이나 전류의 크기에 맞추어 태양전지를 고르는데, 이때 옥내는 옥외의 빛의 100분의 1 정도의 강도밖에 없다는 것 그리고 옥외에서 사용할 때에는 태양빛의 강도가 시간과 일기에 따라 변한다는 사실에 주의하여 어느 정도 여유 있게 태양전지를 선택하는 것이 중요하다.

만일 밤에 전기가 필요할 때나 구름이 끼거나 비올 때에도 전기가 필요할 때는 갠 날에 전기를 비축해 두는 장치가 필요하다.

표 4-1은 태양전지의 카탈로그의 예이다. 이처럼 태양전지의 카탈로그에는 빛의 강도에 대한 전압과 전류의 값이 적혀 있으므로 목적에 알맞는 물건을 선택할 수 있다.

다음에는 카탈로그를 보는 방법에 대해 좀더 상세하게 설명하였는데, 그 전에 먼저 태양전지의 성능을 나타내는 값에 대하여 설명하겠다.

태양전지의 원리보다 응용면에 관심이 많은 독자는 지금부터의 설명은 건너 뛰고 제4장 3절부터 읽어도 무방하다.

태양전지의 특성을 나타내는 값

태양전지의 특성을 나타내는 값으로 제2장 2절에서 변환효율이란 말이 있다는 것은 이미 설명하였다. 그밖에 실제

4. ··· 태양빛 발전장치를 사용하고자 하는 사람들을 위해 *91*

표 4-1 옥내용 비결정실리콘 태양전지의 출력특성표의 예

[산요전기(주) 카탈로그에서]

형식	대표적 동작특성		외형치수(mm)	Type
	FL-200Lx	FL-50Lx(참고값)		
AM-1304	1.2V-26.5μA	1.0V-6.60μA	53.0×13.9	I
AM-1306	1.2V-29.0μA	1.0V-7.25μA	40.4×18.4	I
AM-1308	1.2V-14.5μA	1.0V-3.60μA	38.0×12.5	I
AM-1309	1.2V-15.5μA	1.0V-3.85μA	35.1×13.9	I
AM-1310	1.2V-11.5μA	1.0V-2.85μA	29.7×11.8	I
AM-1403	1.5V-31.0μA	1.4V-7.75μA	55.0×20.0	I
AM-1407	1.5V-11.5μA	1.4V-2.85μA	38.0×12.5	I
AM-1411	1.5V-8.0μA	1.4V-2.00μA	29.6×11.8	I
AM-1414	1.5V-14.0μA	1.4V-3.50μA	41.5×14.7	I
AM-1417	1.5V-12.5μA	1.4V-3.10μA	35.0×13.9	I
AM-1418	1.5V-11.0μA	1.4V-2.75μA	36.6×12.1	I
AM-1422	1.5V-7.0μA	1.4V-1.75μA	20.9×14.9	I
AM-1423	1.5V-9.0μA	1.4V-2.25μA	41.5×9.9	I
AM-1424	1.5V-20.0μA	1.4V-5.00μA	53.0×13.8	I
AM-1431	1.5V-28.5μA	1.4V-7.10μA	47.0×20.8	I
AM-1434	1.5V-41.5μA	1.4V-10.35μA	57.0×24.0	I

로 태양전지를 기술적으로 사용하는 경우에 대해서는 여기에서 이야기하겠다.

개방전압 V_{oc}, 단락전류 I_{sc}, 동작점, 곡선인자(F.F.) 등 태양전지의 특성을 나타내는 말이 있다. 이것들에 대해 간단히 설명한다.

(1) 개방전압 V_{oc}

태양전지에 아무것도 연결하지 않은 상태에서 태양전지의 양단에 발생하는 전압을 나타낸다.

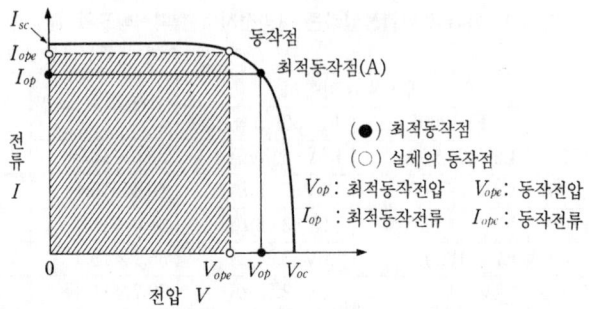

그림 4-4 태양전지의 I-V곡선과 동작점. 점선과 좌표축에 의해 싸여진 넓이(사선부분)의 크기가 태양전지 출력의 크기에 대응한다. 최적동작점은 그 넓이가 가장 큰 동작점이다.

(2) 단락전류 I_{sc}

태양전지 양단을 단락(쇼트)한 상태에서 쇼트한 전극으로 흐르는 전류를 나타낸다.

(3) 동작점

태양전지에 출력을 발생시키기 위해 설치된 전압-전류곡선상의 점이 동작점이다.

흔히 태양전지의 출력은 그림 4-4에 나타낸 것같이 발생하는 전압과 전류의 상관관계곡선으로 나타낸다.

즉 일정한 전류를 발생시키면 태양전지에서 발생하는 전압은 태양전지의 특성에 따라 어떤 값이 결정된다. 그림 4-4의 I_{ope} 점의 전류를 발생시키려면 태양전지의 전압은 자동적으로 V_{ope}란 값이 된다. 태양전지의 출력은 I_{ope}와 V_{ope}의 원점을 연결하는 장방형의 넓이로 나타낸다.

이 넓이가 최대로 되는 점(A)을 최적동작점이라 한다. 이때 전류, 전압을 각각 최적동작전류 (I_{op}), 최적동작전압(V_{op})

이라고 한다. 또한 최대출력은 P_{max}로 표현되며 I_{op}와 V_{op}의 곱이다.

그것과는 달리 태양전지가 실제로 동작하는 점은 가령 그림에서 흰점이 나타내는 위치같이 입사하는 빛의 강도나 태양전지로 동작되는 대상에 따라 달라지므로 흔히 최적동작점과 일치하지 않는다. 실용적으로는 이 동작점으로 태양전지를 동작시키게 되는 셈이다.

(4) 곡선인자 F.F.

곡선인자라 하니 좀 어렵게 들리지만, 이상상태의 태양전지 특성에 어느 정도 접근하였는가를 가리킨 지표, '비율'이라 생각하여도 무방하다. 즉 1에 가까울수록 그 태양전지는 이상상태에 가까운 출력을 얻을 수 있다고 생각된다. 수식으로 나타내면 곡선인자는 다음 식으로 정의된다.

$$F.F. = \frac{V_{op} \times I_{op}}{V_{oc} \times I_{sc}}$$

즉 V_{oc}, I_{sc}로 나타낼 수 있는 이상상태의 출력에 대해 V_{op}, I_{op}로 나타내는 태양전지의 최대출력 비율을 나타낸다.

판매되는 태양전지의 대부분은 제2장 5절에서 설명한 것 같이 모듈이라는 유리판에 봉입된 형태이다. 용도에 따라 옥내용과 옥외용으로 구별된다. 옥내용은 주로 탁상전자계산기, 시계 등 전자제품용으로 사용되는 것이며 옥외용은 주로 바깥에서 사용하기 위해 내후성을 충분히 고려한 것이다.

옥내용 태양전지의 카탈로그

옥내용 태양전지의 카탈로그는 주로 다음 항목으로 구성된다.

① 출력특성
② 조도특성
③ 온도특성
④ 출력특성표

순서에 따라 설명하기로 한다.

①의 출력특성을 나타내는 예로서 그림 4-5가 있다. 이 그림은 대표적인 옥내용 태양전지의 전류와 전압의 관계를 보여주고 있다. 여기서 그림에서 보는 'FL-200Lx'의 FL은 형광등을, 200Lx(럭스)는 그 밝기를 뜻한다. 옥내에서는 조명으로 형광등이 많이 사용되고 있으므로 옥내용 태양전지의 대표적인 출력특성은 광원을 형광등으로 하는 경우가 대

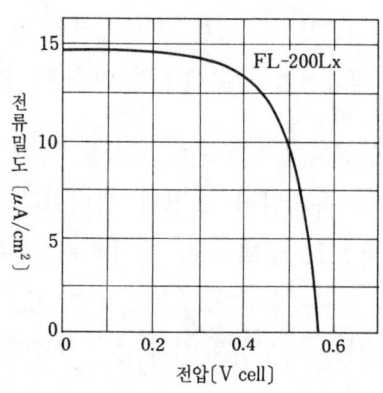

그림 4-5 옥내용 비결정 Si 태양전지의 단위 셀의 전류-전압특성의 예

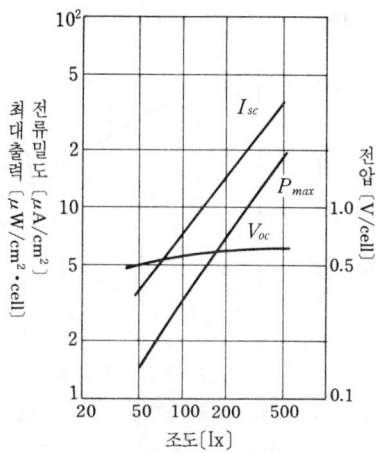

그림 4-6 옥내용 비결정 Si 태양전지의 조도특성의 예

부분이다.

　태양전지는 밝기의 강도(조도)에 따라 출력이 변한다. 다음에 조도특성에 대하여 설명하자.

　②의 조도특성을 나타내는 예로서 그림 4-6이 있다. 이 그림은 조도에 따른 태양전지 특성의 변화를 나타낸다. V_{oc}와 V_{op}는 조도가 커져도 증가하는 비율은 작고, 거의 변화하지 않는 데 반해 I_{sc}와 I_{op}는 조도가 커지면 거의 같은 비율로 증가한다. 이처럼 조도의 변화에 따라 전류가 크게 변하므로 태양전지를 사용할 때, 밝기가 변하는 경우에는 충분한 주의가 필요하다.

　③의 온도특성을 나타내는 예로서 그림 4-7이 있다. 이 그림은 온도에 의한 태양전지의 특성 변화를 나타내고 있다. 흔히 V_{oc}와 V_{op}는 온도가 상승하면 거의 일정한 비율로

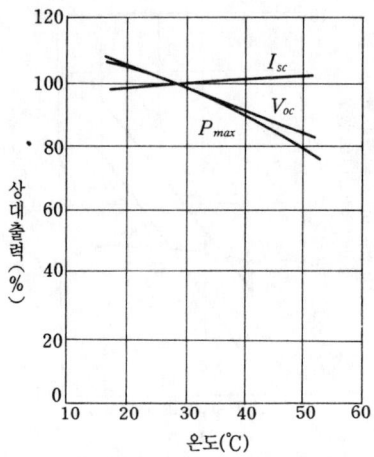

그림 4-7 옥내용 비결정 Si 태양전지의 온도특성의 예

감소하고, I_{sc}는 V_{oc}와는 역으로 온도가 상승하면 거의 일정한 비율로 증가하는 경향이 있다. 이처럼 온도에 따라 태양전지의 출력이 변하므로 온도 변화가 큰 장소에서 태양전지를 사용하는 경우에 충분히 주의를 둘 필요가 있다.

④의 출력특성표의 예를 표 4-1에 나타냈다. 또한 전자공학용으로서 주로 사용되는 비결정실리콘 서브모듈(submodule)의 외관을 사진 4-2(a)에 나타냈다. 이 출력특성표의 각 항목에 대해서 알아보자.

- 형식······태양전지의 형식번호를 나타낸다.
- 대표적 동작특성······FL-200Lx란 형광등(FL) 아래에서의 밝기가 200Lx일 때의 동작전압과 동작전류를 나타낸다.
- 외형치수······태양전지의 크기를 나타낸다.

- Type······ 집적형 비결정실리콘 태양전지의 셀간의 접속을 끝부분에서 하고 있는 유형을 Type I 이라 한다. Type II는 셀간의 접속을 그 길이 방향 전체에서 한 유형이다. 옥내용 태양전지의 경우는 거의 전부가 Type I 을 채용하고 있다.

옥외용 태양전지의 카탈로그

옥외용 태양전지의 카탈로그는 주로 다음과 같은 항목으로 구성되어 있다.
① 출력특성
② 조도특성
③ 온도특성
④ 서브모듈의 출력특성표
⑤ 모듈의 출력특성표

①의 출력특성이란 그림 4-8같이 옥외용 태양전지 단위 셀의 전류와 전압의 관계를 나타낸 것으로 이것은 I-V 곡선이라 불리는 것이다. 여기서 'AM-1.5'란 지구의 중위도에서의 태양빛 스펙트럼을 상정한 광원이며, '100mW/cm²'란 맑게 개었을 때

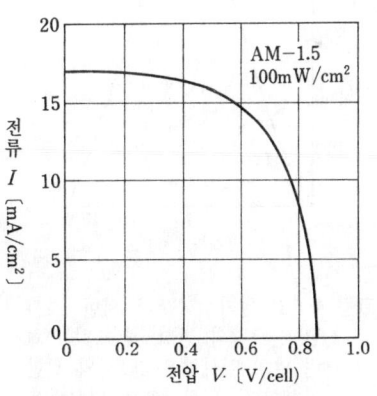

그림 4-8 옥외용 비결정 Si 태양전지 단위 셀의 전류-전압특성의 예

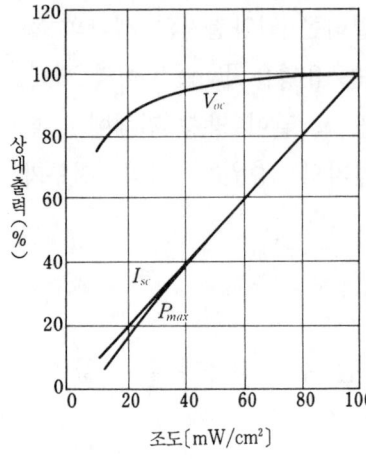

그림 4-9 옥외용 비결정 Si 태양전지의 조도특성의 예

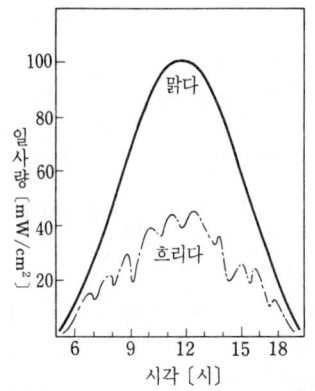

그림 4-10 일기, 시간에 의한 경사면 일사량의 변화 예(개략). 흐린 날의 일사량은 갠 날의 절반 이하이다. 또한 실제 일사량은 시시각각 변한다.

태양전지에 거의 수직으로 태양빛이 입사할 때의 빛의 강도(밝기)를 나타낸다. 옥내용의 태양전지와는 광원과 밝기가 크게 다르다는 데 주의할 필요가 있다.

②의 조도특성이란 조도에 의한 태양전지의 출력특성의 변화를 나타내는 것으로 옥외용 태양전지의 경우는 그림 4-9와 같이 된다. 태양전지를 바깥에서 사용하는 경우에는 일기, 시간에 따라 입사광의 강도가 변하는 경우가 있다. 가령 그림 4-10같이 일사량이 최대로 되는 낮쯤에서 구름낀 날의 일사량은 맑은 날 일사량의 약 절반 이하이고 그 결과 태양전지의 출력도 크게 변화한다. 따라서 일사조건을 충분히 고려할 필요가 있다.

③의 온도특성이란 온도에 의한 태양전지 출력특성의 변화를 나타내는 것으로 옥외용 태양전지의 경우는 그림 4-11 처럼 된다. 태양전지를 옥외에서 사용하는 경우에는 태양빛의 입사에 따라 태양전지의 온도는 상승한다(최대 수10℃). 태양전지의 온도상승에 따라 태양전지의 출력특성은 변화하므로 충분히 주의할 필요가 있다.

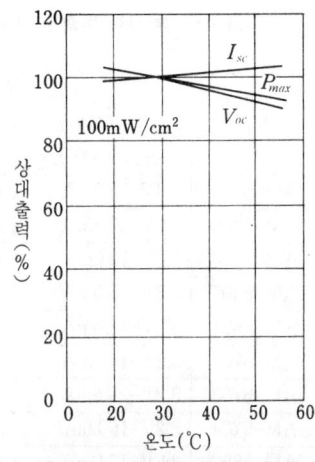

그림 4-11 옥외용 비결정 Si 태양전지의 온도특성의 예

④의 서브모듈의 출력특성표는 표 4-2같이 각 옥외용 태양전지 서브모듈의 출력특성 등을 나타낸 것이다. 이 특성표의 각 항목에 대하여 다음에 설명한다.

- 형식……태양전지 서브모듈의 형식번호를 나타낸다.
- 대표적 동작특성……AM-1.5, 100mW/cm² 때의 최적 동작전압과 최적동작전류를 나타낸다.
- 외형치수……태양전지 서브모듈의 크기를 나타낸다.
- Type……옥외용 태양전지의 경우 대부분 Type II이다.

⑤의 모듈의 출력특성표란 표 4-3같이 각 옥외용 태양전지 모듈의 출력특성 등을 나타낸 것이다. 이 출력특성표는 비결정실리콘 태양전지에 대한 한 예이지만, 표 4-4에는 단결정실리콘 태양전지, 그리고 표 4-5에는 다결정 실리콘 태양전지의 출력특성표를 각각 나타냈다. 사진 4-2는 각종 태

표 4-2 옥외용 비결정 Si 태양전지 서브모듈 출력특성표의 예

(산요전기(주) 카탈로그에서)

형식	대표적 동작특성		외형치수 (mm)	Type
	100mW/cm² (-SS120,000Lx)	SS10,000Lx (참고값)		
AM-5403	1.8V-16.0mA	1.6V-1.35mA	33.0×23.9	II
AM-5405	1.8V-27.5mA	1.6V-2.30mA	29.5×39.9	II
AM-5406	1.8V-10.0mA	1.6V-0.84mA	40.0×12.0	II
AM-5407	1.8V-38.0mA	1.6V-3.15mA	29.2×55.0	II
AM-5501	2.3V-48.0mA	2.0V-4000mA	41.5×56.9	II
AM-5702	3.2V-14.5mA	2.8V-1.20mA	53.3×20.8	II
AM-5703	3.2V-21.5mA	2.8V-1.80mA	55.0×29.3	II
AM-5704	3.2V-100.0mA	2.8V-8.35mA	124.5×59.0	II
AM-5803	3.6V-19.0mA	3.2V-1.60mA	58.9×28.6	II
AM-5807	4.0V-46.5mA	4.0V-19.0mA	62.3×56.9	II

표 4-3 옥외용 비결정 Si 태양전지 모듈 출력특성의 예(산요전기(주) 카탈로그에서)

(AM-1.5 100mW/cm²)

형식	전기 출력특성					외형치수 (mm)	중량 (kg)
	개방 V_{oc} 전압(V)	단락 I_{sc} 전류(A)	동작 V_{op} 전압(V)	동작 I_{op} 전류(A)	최대 P_{max} 출력(W)		
AMP-01D1	10.4	0.114	7.4	0.095	0.7	142×149×9	0.3
AMP-02D1	10.4	0.228	7.4	0.189	1.4	142×273×9	0.7
-02D2	20.8	0.114	14.8	0.095	1.4	142×273×9	
AMP-04D1	10.4	0.456	7.4	0.378	2.8	260×273×9	1.1
-04D2	20.8	0.228	14.8	0.189	2.8	260×273×9	
AMP-06D1	10.4	0.684	7.4	0.568	4.2	273×378×9	1.5
-06D2	20.8	0.342	14.8	0.284	4.2	273×378×9	
-06D3	31.2	0.228	22.2	0.189	4.2	260×398×9	
AMP-09D1	10.4	1.026	7.4	0.851	6.3	378×398×9	2.1
-09D1	31.2	0.342	22.2	0.284	6.3	378×398×9	
AMP-12D1	10.4	1.368	7.4	1.135	8.4	378×522×9	2.7
-12D2	20.8	0.684	14.8	0.568	8.4	378×522×9	
-12D3	31.2	0.456	22.2	0.378	8.4	398×496×9	
AMP-15D1	10.4	1.710	7.4	1.419	10.5	398×613×9	3.3
-15D3	31.2	0.570	22.2	0.473	10.5	398×613×4	

4. … 태양빛 발전장치를 사용하고자 하는 사람들을 위해 *101*

표 4-4 **단결정실리콘 태양전지의 출력특성표의 예**

〔쇼와 셸 석유(주) 카탈로그에서〕

형 식	GL133/M75	GL130/M65	GL136/M55
출 력	47.0W	42.0W	53.0W
최적동작전류 I_{op}	2.94A	2.90A	3.05A
최적동작전압 V_{op}	16.0V	14.5V	17.4V
단락전류 I_{sc}	3.27A	3.26A	3.27A
개방전압 V_{oc}	19.9V	18.0V	21.8V
소자구성(각 cell)	103mm cell	103mm cell	103mm cell
소자접속(직렬)	33pcs/series	30pcs/series	36pcs/series
치수(가로×세로×높이)	1218×328.5×35mm	1081×328.5×35mm	1291×328.5×35mm
중 량	5.9kg	5.3kg	6.2kg

측정조건 : 방사조도 : 1000W/m², 소자온도 25℃, AM-1.5

표 4-5 **다결정실리콘 태양전지의 출력특성**

형 식	CSP-4516	CSP-4508	CSP-2208
최대출력 〔W〕	45.0	45.0	22.5
최적동작전류 〔A〕	2.68	5.36	2.68
최적동작전압 〔V〕	16.8	8.40	8.40
단락전류 〔A〕	2.90	5.80	2.90
개방전압 〔V〕	21.2	10.6	10.6
중 량 〔kg〕	5.10	5.10	2.80
치 수 〔mm〕	440×980×47	440×980×47	335×665×47

*)출력특성은 AM-1.5, 방사조도 100mW/cm², 소자온도 25℃에서의 표준값

양전지의 모듈이다.

옥외용 태양전지는 사용하는 기기의 소비전력이 큰 경우가 많으므로 필연적으로 태양전지 모듈도 커지고 따라서 중량도 커진다. 중량은 설치할 때 중요 요소의 하나이므로 유념할 필요가 있다.

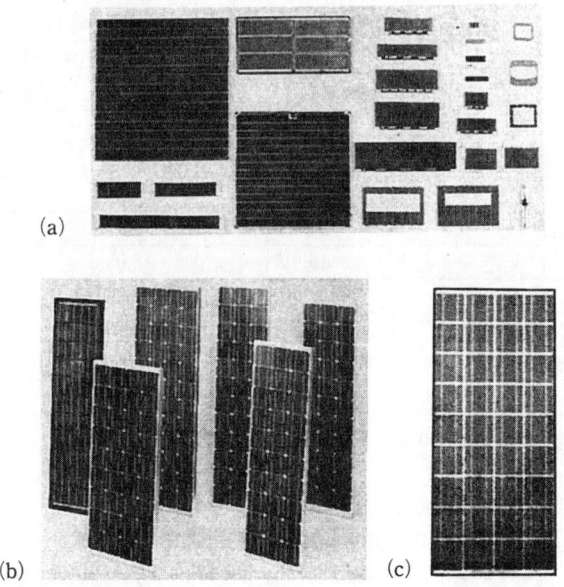

사진 4-2 전력용 태양전지 모듈 (a) 비결정 Si 태양전지 모듈,
(b) 단결정 Si 태양전지 모듈 (c) 다결정 Si 태양전지 모듈

4-3 태양전지 응용전자제품이 계속 출현

태양전지의 전자제품 이른바 가전제품에 대한 응용이 1962년에 라디오에서 시작되었다. 이 시대의 전자제품은 초기의 트랜지스터가 사용되었기 때문에 소비전력이 컸으므로 별로 성공한 것이라고는 할 수 없었다.

제2차의 태양전지의 전자제품에 대한 응용이 1980년에 이르러 시작되었다. 이것은 그 당시까지 IC, LSI의 발달에 의해 전자제품의 소비전력이 대폭으로 저하한 것과 필자 등에 의해 1개의 기판에서 실용적인 전력을 발생시킬 수 있는 신형의 집적형 비결정실리콘 태양전지가 개발되었기 때문

4. … 태양빛 발전장치를 사용하고자 하는 사람들을 위해 *103*

사진 4-3 집적형 비결정 Si 태양전지를 사용한 각종 응용제품

이다. 전자제품에 대한 태양전지의 특징으로는
- 발전장치 규모의 크기와는 관계없이 이를테면 100W, 1W, 0.1W의 어느 발전장치에서도 그 발전효율이 변하지 않는다.
- 구름이 낀 날은 산란광으로도 발전한다.
- 형광등이나 백열등의 빛으로도 발전한다.
- 수명이 반영구적이다(전지의 교환이 필요 없다)

등을 지적할 수 있다. 또한 가격면에서 화학전지(건전지나 축전지)와 경쟁될 수 있으면 좋다. 이러한 특징을 살려 최근에는 탁상전자계산기, 라디오, 시계, 태양빛 충전기 등 여러 가지 가전제품의 응용이 진전되고 있다. 사진 4-3은 가전제품의 각종 응용품이다.

그 중에서 특히 대표적인 탁상전자계산기와 라디오에 대

해 설명한다.

태양전지가 달린 탁상전자계산기는 그 전원으로서 태양전지만을 사용하고 있다. 그 까닭은 액정 표시의 탁상전자계산기는 소비전력이 작고, 밝은 장소에서만 사용하지 않으면 태양전지가 갖는 성질과 적합하기 때문이다.

현재 카드형 탁상전자계산기의 90% 이상은 비결정실리콘 태양전지가 사용되고 있으며 탁상전자계산기용 태양전지의 주류를 이루고 있다.

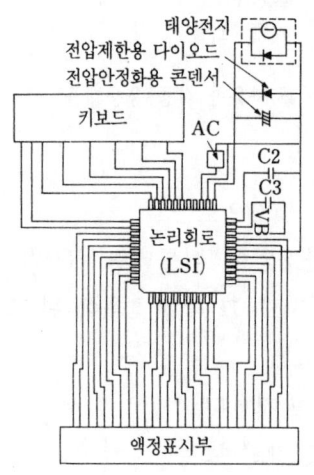

그림 4-12 태양전지가 달린 탁상전자계산기의 회로구성

회로구성은 그림 4-12같이 보통의 탁상전자계산기의 전원부분이 태양전지로 되어 있다고 보아도 무방하다. 특히 액정표시의 탁상전자계산기는 어두운 곳에서는 사용할 수 없으므로 2차전지에는 사용되지 못한다. 따라서 역류방지 다이오드도 필요 없게 된다. 그러나 입사광량이 크게 되었을 때에는 출력전압을 제어하여 IC를 보호하기 위한 전압제어용 다이오드, 그리고 전압을 안정화하기 위한 콘덴서가 병렬로 접속되어 있다.

태양전지가 달린 라디오는 태양전지에 의해 라디오의 전원인 2차전지를 충전하여 오랫동안 사용할 수 있도록 되어 있다. 2차전지로서는 니켈-카드뮴 전지가 사용된다. 이 태양

4. … 태양빛 발전장치를 사용하고자 하는 사람들을 위해 105

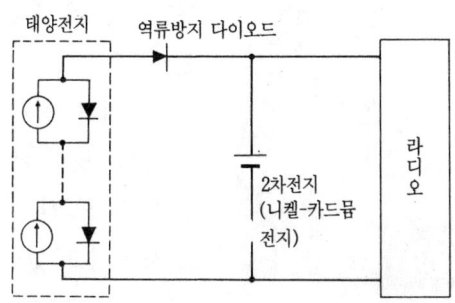

그림 4-13 태양전지가 달린 라디오의 기본회로

 전지 라디오는 본체를 가슴 포켓에 넣고 태양전지 부분은 외부로 내놓아 충전할 수 있게 되어 있다. 회로 구성은 그림 4-13과 같다.

4-4 독립용 전원으로서 계속 실용화

 100kW 내지 수kW의 태양전지를 사용한 태양전지장치가 이미 실용화되어 있다. 일찍부터 산꼭대기의 무선중계국이나 등대 등 사람이 좀처럼 가기 어려운 장소에서의 각종 전기설비용의 전원으로 실용화되어 왔다.
 장거리의 대용량통신에는 마이크로파통신이 흔히 쓰이며 이럴 경우에 무선중계국은 될 수 있는 대로 전망이 좋은 위치 이를테면 산등선 등에 설치되어 있으므로 이런 불편한 곳에 전기를 공급하는 것은 매우 어려운 일이다. 중계국의 전원으로는 수백W에서 수kW 정도가 적절하므로 태양전지는 안성맞춤의 이용법이다.
 최근에는 사진 4-4에서 보는 것같이 펌프 시스템이나 태

106

사진 4-4 태양전지 독립전원의 응용 예(펌프 시스템)

양전지와 축전지, 발광다이오드 등과의 조합에 의한 교통표지판 등이 실용화되어 있다. 또한 우체통, 가로등이나 TV의 전원으로서도 사용되고 있다.

또한 제3장 6절에서 설명한 것같이 자동차의 실내환기용, 그리고 배터리의 보충전원으로 지붕에 투광성의 태양전지를 탑재한 자동차

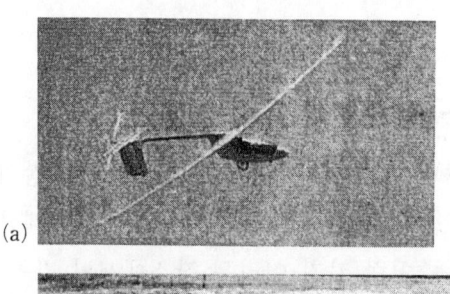
(a)

(b)

(c)

사진 4-5 태양전지의 이동체에 대한 응용 예 (a) 태양비행기 (b) 태양자동차 (c) 태양보트

도 발매되고 있다.

기타 새로운 응용으로 사진 4-5에서 보는 것같이 자동차에 대한 응용이나 태양보트, 태양비행기도 개발되어 있다. 태양비행기는 1990년 7월에 세계에서 처음으로 필자 등에 의해 개발된 비결정실리콘 태양전지필름을 탑재하여 북미 대륙횡단에 성공하였다(제7장에서 상세히 설명한다). 장래에는 태양 에너지로 각종 수송기관이 움직일 것을 실증한 역사적인 일이었다.

4-5 어떤 방식으로 자택에서 사용할 수 있게 하는가

독자들이 태양전지에 흥미를 갖고 자택에 사용하기를 원한다면 어떤 방법으로 자택에서 사용할 수 있으며 어디에서 태양빛 발전장치를 구할 수 있는지에 대해 알아보기로 하자.

자유롭게 설치하여도 되는가?

전력회사에서 일반가정에 송전되는 것은 교류라는 전기의 종류로서 100V의 전압인 것이다. 이 전기를 태양전지를 사용한 장치로 치환하는 것을 생각해 보자. 일본은 전기설비에 관해서는 그 안전성이나 전기의 공급책임을 규정한 전기사업법이 있다. 30V 이상의 전압의 전기를 발전하는 발전장치는 이 법률로 정한 규칙에 따라야 한다.

이 규칙의 일부는 1990년 6월에 개정되어 태양빛 발전장치에 대해서는 전에 비하여 보다 일반사람들이 이용하기 쉽게 되었다. 즉 500kW 미만의 발전시스템에 대해서는 이전에는 전기주임기술자를 선임할 필요가 있었으나 그 관리를 전기보안협회에 위탁하여도 좋도록 되어 있다.

특히 100kW 미만의 발전장치에 대해서는 보안업무를 전기보안협회에 위탁할 수 있으며, 이때 우선 지역의 보안협회에 그 취지를 신고하고 보안규정을 작성한다. 보안규정은 각 지구의 통산국(通産局)에 제출한다. 또한 위탁할 경우에는 수수료가 필요하게 되는데 이것에 대해서는 보안협회와 상담한다.

이상과 같은 수속으로 가정에 태양전지장치를 설치할 경우에는 여기에 해당하는 것이 된다. 특히 10kW 미만의 발전장치는 4년에 1회 정도 전기보안협회의 점검을 받아 안전을 확인받는다.

이러한 것은 독자로서는 번거로운 일같이 보일지 모르나, 독자의 가정내 전기배선이나 기구도 전기회사의 위탁을 받고 보안협회가 일반가정을 방문하여 정기적으로 점검하고 있다. 수수료의 결정 문제가 있으나 한발짝 발전했다고 할 수 있다.

더욱이 태양전지에 의한 발전장치의 이용을 편이하게 하기 위해 3kW 이하의 태양전지를 사용한 일부 전기제품은 1991년 10월부터 전기용품단속법의 대상으로 정했다. 예를 들면 제7장에서 설명하는 태양에어콘(태양전지의 전기와 전등선에서의 전기를 병용하여 에어콘을 작동한다)은 텔레비전이나 전기냉장고와 같이 취급할 수 있고 안전은 제조회사에서 책임을 지므로 특별한 신고는 하지 않아도 된다.

어떤 장치로 하면 좋은가

　가정용의 전기를 얻는 것이므로 어느 정도 넓은 면적의 태양전지가 필요하다. 태양전지에는 3장에서 이야기한 대로 지붕에 탑재하는 유형의 것, 기왓장의 모양을 하여 지붕에 설치하는 것, 창문에 설치하는 것 등의 개발되어 있다. 이러한 태양전지로 발전되는 전기는 직류이므로 보통 사용되는 교류로 변환하여야 한다.

　그러기 위해서는 제4장 1절에서 설명한 인버터란 장치가 필요하다. 이 태양빛 발전장치용의 인버터는 각 전기용품회사에서 거의 개발을 끝내고 상품화시켜 일부 내놓고 있다. 또한 밤이나 일기가 좋지 않는 날에도 충분히 전기를 공급하기 위해서는 축전지를 비치하여 전기를 비축해 둘 필요가 있다. 그러나 이와 같은 독립시스템방식은 축전지의 가격이 비싸 일반적으로는 고가이므로 전력회사의 전기가 공급되지 않는 별장 등에 사용되는 시스템이다.

　또하나의 방식은 계통연계시스템이라 불리는 것으로 전기가 부족할 때는 전력회사의 전기로 보충하는 장치이다.

　이 장치는 보통의 전력계통과 서로 선을 연결하여 낮에는 태양빛 발전장치로 발생한 전기로 가정내의 전기수요에 공급하고, 남으면 전기를 전력회사의 전력선 즉 계통송전기에 역송전하여 공장 등에서 그 전기를 소비한다. 야간에는 역으로 계통송전선에서 전기를 공급받아 가정에서 소비하는 계통연계시스템이다.

　이 방식은 미국이나 유럽에서 실시하고 있으며, 일본에서도 1993년도까지는 이러한 계통연계의 지침이 결정되어, 태양전지 기왓장으로 발전한 전기로 가정용의 전기를 사용하는 시대가 바로 눈앞에 있다고 하겠다.

4-6 태양전지의 청소는 필요한가―장치의 유지·관리

자연의 샤워를 하는 태양전지

태양전지를 지붕 위 등의 실외에 설치하였을 때 먼지가 묻어 태양전지의 표면이 더러워진다. 태양전지는 빛의 입사량에 의해 발전량이 변하므로 심하게 더러워지면 청소를 해야 한다. 그렇지만 가정의 창문을 보더라도 별로 청소를 하지 않았다 하여 빛이 들어오지 않는 것은 아닌 것같이 비가 샤워의 역할을 하여 먼지를 씻어 주므로 실제로는 2~3%의 발전량이 감소하는 것뿐이니 거의 영향을 받지 않는다고 보아도 무방하다.

그렇다면 태양전지 위에 눈이 쌓이면 어떻게 할까? 하고 생각하는 분들도 있을 것이다.

눈은 빛을 차단하므로 태양전지의 발전량은 저하한다. 이런 경우를 대비하여 태양전지의 설치각도를 급경사로 하여 눈이 쌓이지 않도록 하거나 표면에 물을 흘리게 하는 방법도 검토되고 있다. 물을 흘리게 함으로써 눈이 미끄러 떨어지게 하는 것이다(그림 4-14).

보유·관리도 간편, 태양전지는 누구나 사용할 수 있다

태양빛 발전장치는 가동장치 부분이 없고, 청소와 보수

4. … 태양빛 발전장치를 사용하고자 하는 사람들을 위해 *111*

그림 4-14 태양전지 지붕의 적설 방지장치. 물을 흘려 쌓인 눈을
미끄러뜨리는 방법이 고려되고 있다.

 점검도 거의 할 필요가 없다는 것은 앞에서도 이야기하였다. 그러나 전기가 발생하는 장치이므로 때때로 수리나 점검을 해야 할 경우도 있다.
 30V 이상 전압의 전기를 발전하는 장치는 법제도상 여러 가지 규제를 받는다. 그러나 30V 미만 전압의 범위에서는 주변의 간단한 전기제품에 응용하거나 실험을 할 때에는 자유로이 사용할 수 있다〔태양전지의 응용 예는 구와노(桑野幸德), 다케오카(武岡明夫) 편저. 파워사.『태양전지활용 가이드북』참조〕.
 그러나 만일 전압이 30V 이상이 필요하면 제4장 5절에서 설명한 것같이 전기주임기술자의 면허를 얻어 태양전지의 점검이나 보수업무를 직접 하거나 또는 면허인에게 위탁하거나 각 지구에 있는 전기보안협회에 요청하면 된다. 이것은 30V 미만은 자전거, 30V 이상은 정기점검이나 검사가 필요한 자동차라고 생각하면 된다.

4-7 태양빛이 쪼이고 있을 때 전기를 사용하지 않으면 발생한 전기는 어떻게 되는가

태양전지로 발생한 전기를 사용하지 않으면 어떻게 되는가? 제2장 1절에서 설명한 대로 빛이 태양전지에 입사하면 전자 ⊖와 양공 ⊕의 전하가 발생하나 p, n의 양극에 아무 것도 연결되어 있지 않을 때는 발생한 전기의 근원이 되는 전자와 양공은 반도체의 밖으로 나갈 수 없으므로 반도체 내부에서 재결합하여 소멸하고 있다. 이때에 전자와 양공이 갖고 있던 에너지는 대부분을 열 에너지로 변화시켜서 소비하게 된다.

그 열 에너지의 원천은 태양전지에 입사한 태양 에너지이므로 태양전지 자체에는 아무런 변화도 생기지 않는다. 즉 발생한 전기를 사용하지 않으면 태양전지는 아무런 변화도 하지 않고 있는 것이다.

p, n 양극을 전선으로 단락(쇼트)시켰을 경우에는 전자는 n형 반도체측에서 전선을 통해 흘려 p형 반도체에 도달하여 양공과 결합하므로 열 에너지를 방출한다. 이처럼 태양전지로 발전한 전기는 사용하지 않으면 거의 전부가 열로서 버려진다. 원천이 태양빛이니 공짜라 말할 수 있겠지만 어쩐지 낭비같이 여겨진다.

그러므로 제4장 5절에서 설명한 것같이 보통의 전력계통에 남은 전력을 돌리므로 그만큼 보통의 화력발전소 등의 출력을 낮추어 화석연료의 소비를 억제하는 방법과 전기를 사용하지 않을 때는 배터리에 충전하는 방법이 있다. 밤이나 흐리거나 비오는 날처럼 태양전지의 전기가 부족할 때는 배터리에 비축한 전기를 사용하게 된다. 다음에는 에너지의 저장에 대하여 설명한다.

4-8 에너지 저장과 태양전지

태양전지는 빛 에너지를 전기 에너지로 바꾸는 변환기이며 전기를 비축할 수는 없다. 그러므로 빛이 없을 때에도 작동할 필요가 있을 경우나 큰 전류가 필요할 경우에는 전기를 비축할 수 있는 축전지와 콘덴서가 필요하게 된다.

가정용으로서는 소비전력이 작은 탁상전자계산기나 시계 등에 콘덴서가 사용되는 경우도 있다. 사진 4-6, 7에서 보는 것같이 일반적으로 니켈-카드뮴 전지와 납 축전지가 태양전지와 조합된 축전지로서 사용된다. 이러한 축전지나 콘덴서에 대해 다음에 설명한다.

콘덴서

콘덴서(condenser)는 커패시터(capacitor)라고도 하며 전기를 비축할 수 있다. 그러나 비축용량은 납 축전지에 비해 매우 작아 약 500분의 1에서 100만분의 1이다. 표시소자가 발광 다이오드(LED)에서 액정표시 패널(LCD)로 소비전력이 대폭으로 저하하였으므로 그 응용상품인 시계 같은 경우

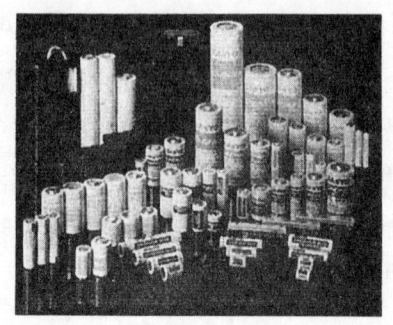

사진 4-6 니켈-카드뮴 전지(산요전기 제공)

사진 4-7 밀폐식 납 축전지[유아사(湯淺)전지 제공]

는 콘덴서에 비축되는 용량으로 충분하다. 태양전지와 조합할 때 콘덴서는 큰 용량을 갖는 전기 이중층 콘덴서를 사용하는 경우가 많다.

전기 이중층 콘덴서의 특징은 다음과 같다.

〈장점〉

  • 고전압(7V 이하)에서 사용할 수 있다.
  • 저온도($-25°C$)에서 고온도($+75°C$)까지의 넓은 온

도 범위에서 사용할 수 있다.
- 단시간에 충전할 수 있다.

〈단점〉
- 작은 전기량밖에 저장할 수 없다($0.047\mu F \sim 22F$).

니켈-카드뮴 전지

니켈-카드뮴 전지는 충·방전이 가능한 전지로서 충전이 되지 않는 건전지와 같이 간편하게 사용할 수 있다. 이 전지에는 개방형과 밀폐형이 있는데, 가정용으로는 주로 다루기 간편하고 판매점에서 구하기 쉬운 밀폐형이 사용된다. 이 전지의 용량은 50mA(밀리암페어)에서 20Ah(암페어아워)까지 많은 종류가 있다. 이 배터리의 특징은 다음과 같다.

〈장점〉
- 한번에 방전하는 양은 건전지와 같은 정도이나 큰 전류를 필요로 하는 장치에 사용할 수 있다(그림 4-15).
- 500회 이상 충전·방전을 반복할 수 있다(그림 4-16).
- 지나치게 충전이나 방전을 하여도 견딜 수 있다. 또 낮은 온도($-20℃$)에서 높은 온도($+60℃$)까지 사용할 수 있다.

〈단점〉
- 자기방전(방치해 두면 전기가 적어지는 것)이 비교적 크다. 그러나 충전하면 원래의 특성이 나타난다.

특히 큰 전류를 발생할 수 있는 특징을 살려 가전, 영상, 음향, 통신기기를 비롯하여 전동공구, 완구, 방재용 등 다양

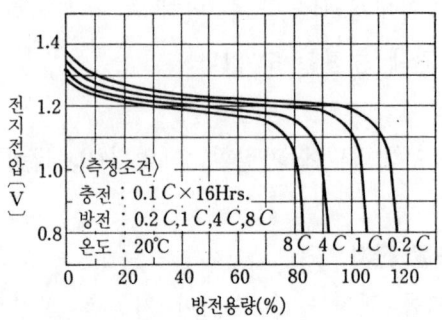

그림 4-15 니켈-카드뮴 전지의 방전특성. 'C'는 공칭용량을 나타
내며 여기에 계수를 곱하면 방전전류가 된다.

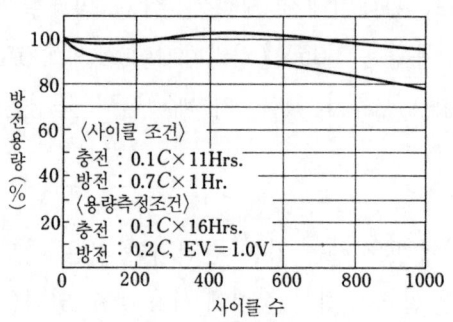

그림 4-16 니켈-카드뮴 전지의 사이클 특성

한 목적에 사용된다. 또한 용도에 맞추어 고용량용, 급속충전용, 고온용, 기억장치용 등의 전용전지도 판매되고 있다. 나아가서 전지공간의 효율적 이용의 관점에서 편평각형(扁平角形) 모양의 전지도 개발되어 있다.

   니켈-카드뮴 전지를 태양전지와 조합하여 사용할 경우에는 그림 4-13같이 회로를 연결한다. 용도에 맞추어 태양전지의 크기, 니켈-카드뮴 전지의 종류를 고려할 필요가 있다.

4. … 태양빛 발전장치를 사용하고자 하는 사람들을 위해 *117*

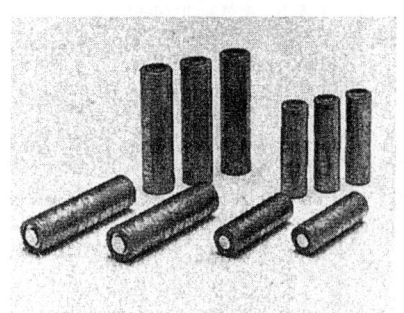

사진 4-8 니켈-수소 전지

최근에 니켈-카드뮴 전지의 약 1.8배나 용량이 큰 니켈 수소 전지가 출현하였다(사진 4-8). 특성상으로는 니켈-카드뮴 전지와 거의 같으며 같은 목적에 사용할 수 있다.

납 축전지

납 축전지는 신뢰성이 높고 다른 축전지에 비해 가격이 저렴하므로 자동차용을 중심으로 오래 전부터 널리 쓰이고 있다. 납 축전지는 가전용으로는 다루기 간편한 소형, 밀폐형 전지가 사용되고 있다. 전력용으로는 수천Ah의 큰 용량의 전지도 개발되어 있다. 납 축전지의 특징을 간단히 설명한다.
〈장점〉
- 전압이 다른 축전지에 비해 하나의 셀로서 2V 높다 (가령 니켈-카드뮴 전지는 1.2V이다. 그러나 최근에 3~4V의 리튬 2차전지가 개발되었다).
- 낮은 온도(-20℃)에서 높은 온도(+50℃)까지 사용

표 4-6 축전지의 성능비교표

전지명		전지하나당공칭전압(V)	보존성	방전특성				충·방전 사이클수명(사이클)	에너지 밀도	
				강전류방전성능	전압안정성	저온	고온		(Wh/kg)	(Wh/l)
납축전지	개방형	2.0	△	○	○	△	○	100~400	30~50	50~80
	밀폐형	2.0	△	○	○	△	○	50~300	15~30	30~70
니켈―카드뮴전지	포켓식(개방형)	1.2	○	○	○	○	○	500~5,000	15~30	25~50
	소결식(개방형)	1.2	○	◎	○~◎	◎	○	500~5,000	20~40	30~70
	밀폐형	1.2	△	○~◎	○~◎	○		200~1,000	20~35	50~70
기타	산화은축전지	1.5	△	◎	◎		○	20~400	60~100	100~250
	은-카드뮴축전지	1.1	○	○~◎	◎		○	300~2,000	50~100	80~150
	전기이중층콘덴서	1.8~5.0	×	○	×	○		-	-	-

보존성과 방전특성의 기호 중 특히 뛰어난 것은 ◎이며 그 이하는 ○, △, ×의 순이다.

할 수 있다.

〈단점〉
- 전지용량, 작동전압은 방전하는 전류가 클수록 낮아진다.
- 사이클 수명이 사용방법, 사용조건에 따라 크게 영향을 받는다. 특히 방전심도가 깊을수록 사이클 수명이 짧다.

최근에는 전지용량이 수백밀리암페어아워(mAh)인 박형(薄型)전지가 개발되어 무선기기용의 전원으로 생산량이 급격하게 신장하고 있다.

이상으로 태양전지와 적절하게 조합하여 사용할 수 있는 축전지에 대하여 설명하였다. 표 4-6은 축전지의 성능비교

4. … 태양빛 발전장치를 사용하고자 하는 사람들을 위해   *119*

표인데 참고로 하여 가장 적합한 축전지를 선택할 필요가 있다.

부록　태양전지 구매문의처

(1992년 1월 현재)

제조원

① 三洋電機株式會社

　三洋電機(株) ソフトエナヅー事業本部 販賣事業部
電池營業部 開發課

　　〒570　大阪府守口市大日東町 1-1
　　☎(06)900-3769

　三洋電機(株) ソフトエナヅー事業本部 販賣事業部
企劃部 販賣業務課

　　〒656　兵庫顯洲本市上內膳 222-1
　　☎(0799)24-4111

② 京セラ株式會社 ソーラーエネルギー事業部 東京營業所

　　〒150　東京都澁기谷区神宮前6-27-8(京セラ原宿ビル 2F)
　　☎(03)3797-4611

③ シャープ株式會社　東京支社　情報通信營業本部　第4營業部　第5營業部

　　〒162　東京都新宿区市谷八幡町8番地
　　☎(03)3260-1161

④ 昭和シェル石油株式會社 太陽電池事業部

　　〒100　東京部千代田区丸の內 2-7-3 東京ビル7F
　　☎(03)3215-9661

⑤ 鐘淵化學工業株式會社 電材事業部 營業2課 SC課
　　〒107　東京都港区元赤坂 1-7-8 ガデリウスビル
　　☎(03)3479-9560
⑥ 株式會社ほくさん 太陽電池事業部
　　〒104　東京都中央区銀座 5-13-12
　　☎(03)3543-2017

판매점
① 稻電機　〒101　東京都千代田区外神田 1-10-11(東京ラジオデパート內)
　　☎(03)3251-2088
② 秋月電子　〒101　東京都千代田区外神田 1-9-6
　　☎(03)3251-1779
③ 文化無線　〒101　東京都千代田区外神田 1-14-3
　　☎(03)3251-1393
④ ラジオセンター
　① 島山無線 1F
　　〒101　東京都千代田区外神田 1-14-2
　　☎(03)3255-9793
　② 山長通商 2F
　　〒101　東京都千代田区外神田 1-14-2
　　☎(03)3251-9690
　③ 東京科學無線 2F
　　〒101　東京都千代田区外神田 1-14-2
　　☎(03)3255-5509

⑤ 若松通商　〒101　東京都千代田区外神田 1-15-16
　☎(03)3255-5064
⑥ 山鑛通運　〒101　東京都千代田区外神田 1-10-11
　東京ラジオデパートB1，下りエレベータ脇
　☎(03)5256-0158

5. 태양전지의 에너지원으로서의 능력

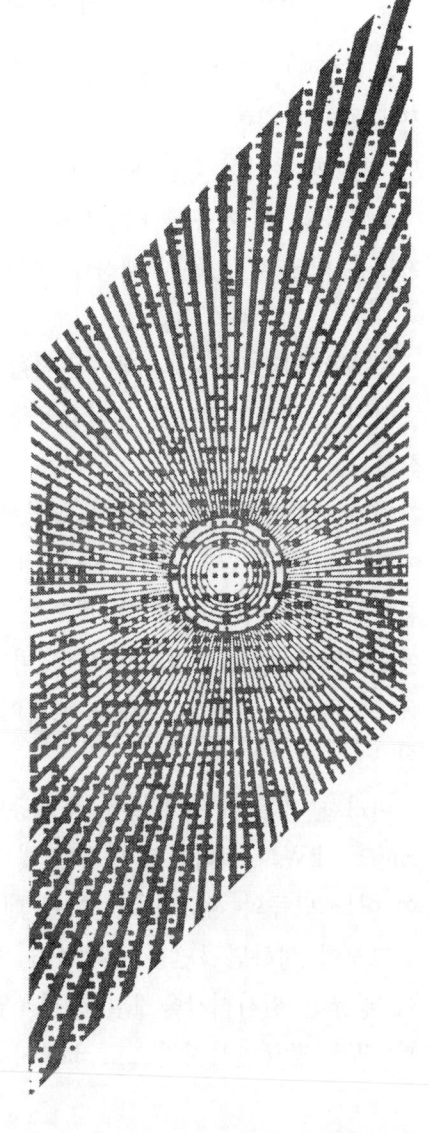

5-1 단독주택의 지붕에 태양전지를 설치하면 어느 정도의 전력이 발생하는가

제1장에서 설명한 대로 태양 에너지는 방대하다. 이 깨끗하고도 방대한 태양 에너지를 이용하는 태양전지에는 어느 정도의 능력이 있는가를 앞으로 설명하겠다.

독자들의 집 지붕에 태양전지를 설치한다면 어느 정도의 전력을 얻을 수 있는지 계산해 보자.

16kWh(킬로와트시)나 되는 전력을 얻는다

여기서는 태양전지의 변환효율로서 10%를 적용하여 계산한다.

태양 에너지는 제1장에서 설명한 바와 같이 맑게 갤 때에는 $1m^2$당 1kW의 에너지를 지표에 내리쬔다. 그러나 1년 중에는 갠 날이나 흐린 날, 비오는 날도 있다. 또한 하루 중에도 아침에는 갰다가 오후부터 비가 오는 날도 있다. 일년을 통해서도 겨울과 여름은 햇빛이 쪼이는 시간에 차이가 있다.

이러한 것을 기상청에서 오랫동안 측정하여 갠 때, 즉 $1m^2$당 1kW의 에너지로 태양이 빛나고 있는 시간을 환산하여 어느 만큼의 시간이 되는가에 대한 자료를 얻었다.

그것에 의하면 1년을 평균하면 하루에 3.84시간이 된다. 이 평균된 일사시간을 1일당 평균일사시간이라 한다. 일본의 경우 평균일사시간으로 3.84시간을 일반적으로 사용한

5. 태양전지의 에너지원으로서의 능력 *125*

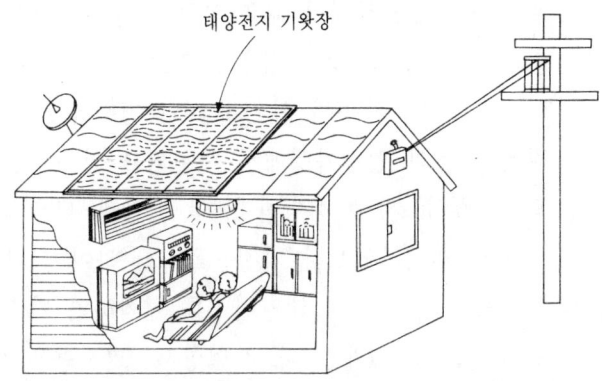

그림 5-1 남측 지붕의 1/2로 충분하다. 남측 지붕의 절반(약 30m²)에 태양전지를 설치하면 하루에 약 8kWh의 전력을 얻을 수 있다. 일반가정의 평균 소비전력량은 1일당 약 8kWh이다.

다. 물론 다른 나라에서는 그 값이 다르며 일사시간이 긴 적도 부근이나 사막에서는 6~7시간이 된다.

일본에서의 1일당 평균일사시간을 적용하여 태양전지의 출력을 계산하면 1cm²의 태양전지로는,

1일당 ; $1kW/m^2 \times 10\% \times 3.84h/일 = 0.384kWh/m^2$

1년당 ; $0.384kWh/m^2 \cdot 일 \times 365일 = 140.16kWh/m^2$

이 되며 1일당 0.384kWh, 1년간에 약 140kWh의 전력을 얻게 된다. 일본의 표준형 단독주택의 지붕면적은 건설성(建設省)의 통계에 의하면 약 120m²이므로 그 남측 지붕의 면적인 약 60m²에 태양전지를 설치하였을 때는,

1일당 ; $0.384kWh/m^2 \times 60m^2 = 23.04kWh$

가 되어서 1일당 약 23kWh의 전력을 획득할 수 있는 셈이 된다.

인버터 손실이나 일조상태가 매우 약한 이른 아침이나 저녁 때는 전력이 발생하지 않는 경우가 있으므로, 그러한 손실을 약 3할로 볼 때, 하루에 약 16kW의 전력을 얻을 수 있다. 이 값은 일본의 일반가정에서 사용되고 있는 1일 평균전력량 약 8kW의 2배에 해당한다. 다시 말해, 남측 지붕 전체의 면적으로 계산하였으나 가정용을 고려하여 그림 5-1같이 남측지붕의 2분의 1에 태양전지를 설치하면 가정 소비전력을 충족시킬 수 있게 된다. 사실상 이 발전량은 선샤인 계획에 의한 전력중앙연구소와 간사이(關西)전력에서 록코(六甲)아일란드의 가정용 2kW 태양빛 발전장치로서 실제 증명되고 있다.

5-2 태양전지를 설치하면 일본 총 전력의 30~40%를 충족시킬 수 있다

앞절에서 설명한 것같이 일본의 표준형 단독주택 옥상의 남측부분(약 60m^2)에 태양전지를 설치하였을 경우 1일당 16kWh의 전력을 획득할 수 있다. 일본의 단독주택은 2100만호이며 그 중 80%를 태양전지의 설치가 가능한 주택으로 보면 1년간의 발전량은

16(kWh/일) × 21000000호 × 0.8 × 365(일/년)

≒ 981억(kWh/년)

이 된다. 1990년의 일본의 총전력 수요가 7210억kWh였으므로 이 태양전지로서 실로 14%나 되는 전력을 충당할 수 있게 된다.

건설성의 자료에 의하면 1983년도 전국 비목조집합주택 수는 44만 4천동이며 전국사업소는 약 42만개소이므로, 각각의 약 80%에 태양빛 발전장치를 설치한다고 가정하면 집합주택(아파트, 맨션을 말한다)은 약 35만동, 전국사업소 (공장을 말한다)는 약 34만개소가 된다. 그러므로 각각 20kWh, 200kW의 태양빛 발전장치를 설치한다고 하면 1년 간의 발전량은

집합주택 : $20(kW/동) \times 35 \times 10^4(동) \times 3.84(h/일) \times 365일$
$\times 0.7 = 69억 kWh$

공   장 : $200(kW/개소) \times 34 \times 10^4(개소) \times 3.84(h/일) \times$
$365일 \times 0.7 = 667억 kWh$

합계   736억 kWh

로서 736억kWh가 된다. 먼저의 가전발전장치에서의 발전량 981억kWh를 합치면 1717억kWh, 즉 일본 총전력 수요의 약 24%를 충족시킬 수 있게 된다.

또한 초·중·고등학교, 시청, 시민회관 등의 공공시설, 산업시설 등에 태양전지를 설치하면 일본 총전력 수요의 약 6%를 충족시킬 수 있다. 나아가서 고속도로 주변의 공지나 철도 부근의 빈터를 사용하면 이제까지 설명한 모두를 합계하여 일본 총전력의 30에서 40%의 전력을 획득할 수 있게 된다. 그 정도로 태양빛 발전은 큰 잠재능력 [potential]을 갖고 있다.

5-3 태양전지는 1년에 1억7천만kℓ의 석유에 해당하는 에너지를 만들어 낸다

우리가 무심코 사용하는 전기. 도대체 어느 정도 사용하고 있을까. 앞에서도 말했듯이 1990년의 일본의 전력 총수요는 7210억kWh이다. 이 정도의 전력을 석유화력발전으로 획득하는 데 필요한 석유의 양은 어느 정도나 될 것인가?

어림잡아 계산한 값은,

- 석유화력으로 1kWh의 발전에 소요되는 열량은 일본의 일반화력발전소의 효율인 38%를 적용해서 2250kcal가 된다.
- 1ℓ(리터)의 석유연소열량은 9250kcal(킬로칼로리)이다.

이것을 적용하여 계산하면,

$$\frac{7210 \times 10^8 (kWh) \times 2250 (kcal/kWh)}{9250 (kcal/\ell)} \fallingdotseq 1.754억 (k\ell)$$

즉 연간 1억 7000만kℓ에 해당한다. 이것은 도쿄돔의 약 146배분의 양에 해당한다. 또한 제5장 2절에서 설명했듯이 일본의 단독주택 2100만호의 80%에 6kW의 태양전지를 설치하였을 경우에는 1년 동안에 981억kWh 발전하므로 이것도 같은 방법으로 계산하면 석유 2400만kℓ에 해당한다.

앞으로 매년 우리는 더 많은 석유를 사용할 것이다. 물론 석유에는 한계가 있다. 따라서 우리는 석유를 대체하는 전력의 원천, 그것도 지구에 공해를 미치지 않는 에너지원을 찾아내야 한다.

일본의 전력을 전량 태양전지로 충족하려면

이야기를 좀더 큰 규모로 하여 일본의 전력 전체를 태양전지로 충족하려면 어느 정도의 태양빛 발전시스템의 면적이 필요한지 계산하여 보자.

태양전지의 변환효율 10%, 하루의 평균일사시간인 3.84시간을 적용하면, 1절에서 설명한 대로 1m²당의 연간발전량은 전력손실을 3할로 보아도 98kWh이다. 이 태양전지로 일본수요 전력의 전량을 충당하려면,

$7210 \times 10^8 kWh/년 \div 98kWh/m^2년 = 73.57 \times 10^8 m^2$
$= 7357 km^2$

분의 면적의 태양전지가 필요하게 된다. 이 면적은 시코쿠의 약 3분의 1에 해당한다. 즉 시코쿠 면적의 3분의 1의 태양전지가 있으면 일본 수요전력의 전체를 충당할 수 있어 석유 1억 7000만kℓ가 절약된다.

시코쿠의 3분의 1이란 면적은 일본 전체로 보면 그리 큰 면적은 아니나 실제로 태양전지를 설치한다고 생각하면 역시 넓은 면적이다. 일부는 토지가 적고 또한 땅값이 매우 높다는 문제도 있으므로 사방이 바다로 둘러싸인 일본에서는 이 넓은 바다를 이용하는 방법도 생각될 수 있다.

세토 내해(瀨戶內海; 규슈, 시코쿠 두 섬과 혼슈와의 사이에 있는 바다) 같은 바다는 파도로 비교적 잔잔하므로 그림 5-2같이 태양전지를 뗏목으로 바다에 띄우는 것도 가능하다. 21세기에는 해상에 뜬 태양빛 발전소에서 만들어진 깨끗한 전기로 쾌적한 생활을 즐기게 될지 모른다.

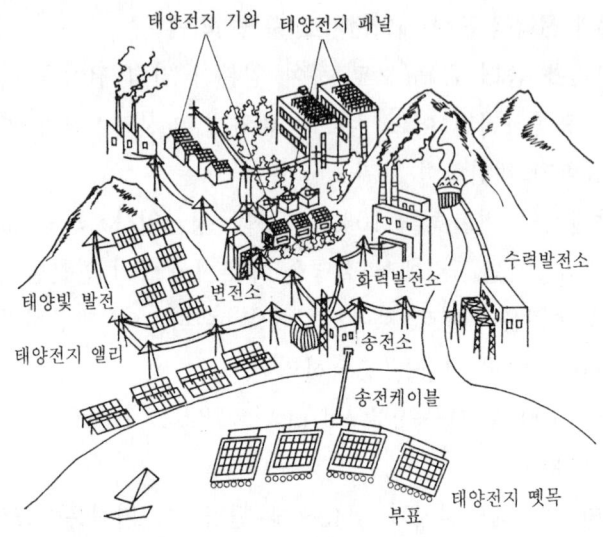

그림 5-2 산의 경사면, 해안선을 이용한 태양빛 발전장치. 장래엔 육지뿐 아니라 해상을 이용한 태양빛 발전장치도 고려되고 있다.

5-4 벼농사와 비교하면 60배 변환효율이 좋다

여기서 식물로서 식생활에 없어서는 아니될 벼를 다루어 보자.

일본의 미작지 10여아르[아르(are)는 $100m^2$ 또는 1/100 헥타르]당 1년간 수확되는 쌀의 평균수확량은 487kg이다. 쌀은 단백질, 녹말, 수분 등의 성분으로 되어 있으나 여기서는 100% 녹말로 되어 있다고 가정한다. 녹말의 연소열은 4.18kcal/g이며 이것으로 10아르당 수확되는 쌀에서 얻어지는 에너지는,

벼농사 10아르당 연간발생 에너지
$$= 487 \times 10^3 \text{g} \times 4.18 \text{kcal/g} \times 1/860 \text{kWh/kcal}$$
$$= 2.37 \times 10^3 \text{kWh}$$

이다. 한편 10아르(1000m^2)당의 연간일사량은 1절에 설명한 대로,

연간일사량 $= 1000\text{m}^2 \times 1\text{kW/m}^2 \times 3.84\text{h/일} \times 365\text{일}$
$$= 1.4 \times 10^6 \text{kWh}$$

이다.

벼농사의 변환효율은

$$\text{벼의 변환효율} = \frac{\text{쌀에서 얻어지는 에너지}}{\text{태양의 일사량}}$$

이므로 벼농사의 빛에서 열로의 변환효율은

$$\text{변환효율(빛 → 열)} = \frac{2.37 \times 10^3 \text{kWh}}{1.4 \times 10^6 \text{kWh}} = 0.169\%$$

로서 0.169%이다.

한편 태양전지의 변환효율은 10%이다. 즉 태양전지의 변환효율은 벼농사의 변환효율에 대해 약 60배나 되는 값이 되는 셈이다. 이런 식으로 생각하니 태양전지의 변환효율은 자연계에서 가장 크다고 할 수 있다. 거기에다 태양전지는 무소음, 무공해이다. 조만간에 논밭 곁에 태양전지가 있는 풍경도 보게 될지 모른다.

태양전지로 발전한 전기로 작물에는 물을 주고, 사람에게는 전기를 준다. 그리고 논밭에서 자란 작물은 사람들의 식생활을 풍요롭게 한다. 모두가 태양에서 내리쪼이는 빛의 산물이다. 이런 것이야말로 앞으로의 인간에게 필요한 자연과 공존하는 생활일지도 모른다.

5-5 태양전지는 몇 년 정도 사용할 수 있는가

태양전지의 수명은 반영구적

제2장 1절에서 설명한 대로 태양전지는 반도체의 광전효과를 사용한 것이므로 태양전지 그 자체의 수명은 원리적으로 반영구적이라 볼 수 있다. 그러나 실제로 사용하는 경우에 있어서는 태양전지 자체의 수명뿐 아니라 태양전지를 장치한 태양전지 모듈(제3장 1절에서 설명하였다)의 재질 등의 내환경성이 문제가 된다. 이러한 점까지를 고려할 때의 태양전지 모듈의 수명은 현재 약 30년 정도로 보고 있다.

그러나 이 수명은 태양전지를 장치한 모듈의 소재에 따라 크게 변한다. 즉 태양전지 그 자체가 아니라 연결된 금속선이나 봉입하고 있는 플라스틱 재료가 시간의 경과에 따라 질이 저하하게 된다.

내구성이 있는 주변소재의 개발이 태양전지의 수명을 연장하는 데 있어 중요하다. 가까운 장래에는 태양전지 모듈의 수명은 약 30년으로 현재의 1.5배가 될 것으로 예측되고 있다.

비결정실리콘 태양전지의 수명은 어느 정도일까? '비결정실리콘 태양전지의 수명은 다른 태양전지보다 짧다'고 오해하고 있는 독자는 없을는지. 이 점에 대해 약간 설명하겠다.

비결정실리콘 태양전지를 옥외에 설치하면 그림 5-3같이 처음의 1~3개월 동안에는 약 15% 출력이 저하되고 그 후부터는 안정적으로 된다. 마치 형광등을 새로 달면 처음의 수십 시간에는 밝기가 감소하고 그 다음부터 안정적인 밝기

5. 태양전지의 에너지원으로서의 능력 *133*

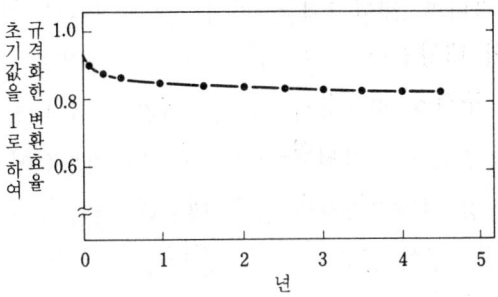

그림 5-3 비결정 태양전지의 출력(변환효율)의 경시(經時)변화

를 유지하는 것과 같다. 그러므로 실용성을 따질 때 처음부터 미리 15% 정도 큰 출력의 태양전지를 사용하는 것이 좋다.

그리고 초기의 15% 출력저하에 대한 문제점도 재료 중의 불순물(산소나 질소 등)을 줄이거나 태양전지의 구조를 연구하는가 하여 약간씩 나아지고 있다.

그렇지만 결정실리콘 태양전지에 비해 수명의 문제에서는 불리하다고 여길지 모른다. 실은 비결정실리콘 태양전지는 박막이므로 수명상에서도 결정의 태양전지보다 유리한 것이 있다. 우선 현실적으로 수명을 정하는 것은 앞절에서도 이야기한 대로 보호수지나 배선의 신뢰성이다. 결정의 태양전지는 길이 10~15cm 정도의 한장 한장의 판(웨이퍼)을 선으로 연결하고 그 앞뒤로 인접한 사이를 수지로 채워 모듈을 만든다. 비결정실리콘 태양전지도 물론 같은 방식으로 모듈을 만들 수 있으나, 더 발달된 방법을 채택하고 있다. 그것이 제2장 5절에서 설명한 집적형 구조이다.

비결정실리콘 태양전지는 박막이므로 1개의 기판 위에 여러 개의 태양전지를 만들고, 인접하는 태양전지를 그 경계선이나 구석을 이용하여 전극을 약간 늘여서 전기적으로 접속하는 구조가 고안되었다. 이 구조는 리드선에 의한 배선이나 인접 태양전지와의 틈을 메우는 수지가 불필요하므로 보다 신뢰성이 높고 수명도 길어질 수 있다.

태양전지는 사면 득이 된다

태양전지를 보급하는 데 있어 그 수명은 매우 중요한 요소이다. 나중에 설명하겠지만 태양전지의 에너지 회수연수는 1년에서 5년이 될 수 있으므로 태양전지 모듈의 수명을 지금처럼 약 20년이라고 보아도 에너지 회수연수에 비하면 매우 길다. 따라서 태양전지의 에너지 이득은 크며 사면 득이 되는 상품이라 할 수 있다. 또한 태양 전지는 오래 쓰면 쓸수록, 수명이 길어지면 길수록 득이 되는 셈이다.

5-6 태양전지는 자기증식할 수 있다

태양전지의 중요한 성능지수 '에너지 회수연수'란

태양전지를 만드는 데는 일정한 에너지가 소비된다. 그 에너지로 제조된 태양전지는 태양 에너지를 받아 전기를 생각한다. 몇 년이 지나야 태양전지가 제조 에너지를 되찾을 수 있는가는 매우 흥미로운 일이다. 만일 태양전지의 수명인 20에서 30년 내에 그 태양전지의 제조 에너지를 되찾을 수 없다면 에너지원으로서의 태양전지의 가치는 저하된다.

그러나 태양전지의 수명보다 짧은 기간 내에 제조 에너지를 회복할 수 있다면 태양전지의 출력으로 다른 태양전지를 만들 수 있다. 즉 자기증식이 되는 것이다. 그러면 그 문제를 검토하여 보자.

일반적으로 태양전지를 제조하는 데 필요한 에너지를 몇 년으로 태양전지가 발전하는 에너지로 회수할 수 있는가를 나타낸 지수를 '에너지 회수연수(回收年數)'라 하며 다음과 같은 식으로 나타낸다.

에너지 회수연수=(태양전지 소재를 제조하는 에너지+태양전지 자체를 제조하는 데 필요한 에너지)÷1년간의 태양전지 발전량

즉 에너지 회수연수는 태양전지 소재와 태양전지 자체를 제조하는 에너지를 1년간 그 태양전지가 발생하는 에너지로 나눈 값으로 나타낸다. 따라서 소재나 태양전지의 제조과정에 크게 의존하여 합리적인 에너지절약형의 제조를 하면 회수연수는 작아진다.

또한 1년간의 태양전지 발전량은 태양전지의 변환효율에 의존한다. 가령 변환효율 5%와 10%로는 에너지 회수연수에 배의 차가 있다. 또한 태양전지의 설치장소 즉 일본에 설치하는가 일사량이 많은 사막에 설치하는가에 따라 다르다.

불과 1~2년으로 원금이 회수되는 비결정실리콘 태양전지

태양전지의 제조 에너지는 재료나 제조방법에 따라 크게 다르다.

예를 들어 비결정실리콘 태양전지의 경우는 다음과 같다. 비결정실리콘 태양전지를 연간 1만kW 생산하는 경우에 소재가 되는 유리, 원료의 실란가스, 전극재료 등을 제조하는 에너지는 태양전지 1W당 약 1.5kWh이다. 태양전지 자체의 제조 에너지는 약 0.18kWh이며 이 두 가지를 합계하면 1.68kWh가 된다. 이 태양전지를 일본에 설치하였을 경우에는 제 5 장 1절에서 설명했듯이 1W의 태양전지는 연간 1.4kWh의 전력을 발생하므로,

$$1.68kWh \div 1.4kWh/년 = 1.2년$$

즉 에너지 회수연수는 1.2년이 된다. 만일 이 태양전지를 사막에 설치하면 일사량은 약 1.5배가 되므로 에너지 회수연수는 약 0.8년이 된다. 같은 계산이 다결정실리콘 태양전지에도 적용되어 4~5년으로 약간 길어진다. 그림 5-4는 태양전지 생산량과 에너지 회수연수의 관계를 나타낸 것이다.

실제로 태양전지를 발전하는 경우에는 그밖에 받침대나 인버터, 배선이 필요하다. 이러한 것의 에너지 회수연수를 합계하여 약 1년 정도로 생각하면 그것을 가산하여도 비결정실리콘 태양전지 장치를 일본에 설치할 경우의 에너지 회수연수는 약 2년이 된다. 사막의 경우는 더욱 짧아져 약 1.5년 정도이다. 즉 태양전지의 수명을 20년으로 보면 약 10배에서 13배의 에너지 이득이 있는 셈이 된다.

'태양전지 셈(?)'으로 늘어난다

가속적으로 증가하는 경우의 예로서 쥐를 비유하여 두 마

5. 태양전지의 에너지원으로서의 능력 137

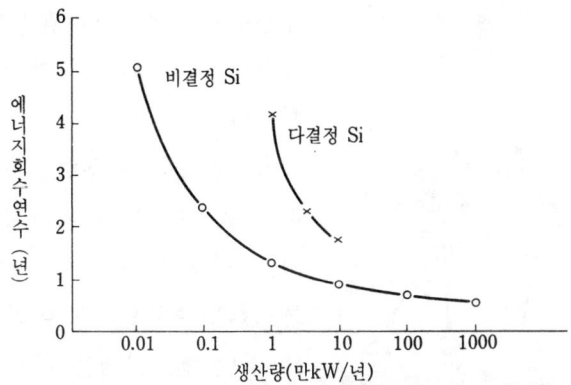

그림 5-4 태양전지 생산량과 에너지 회수연수의 관계. 에너지 회수연수란 태양전지를 제작하는 데 소비한 에너지를 태양전지로 생산하는 데 필요한 연수이다.

리가 네 마리, 네 마리가 여덟 마리로 느는 것을 쥐셈식으로 늘어난다고 한다. 태양전지는 어떠한가.

앞에서 말한 에너지 회수연수로 보면 태양전지를 만드는 에너지보다 태양전지가 만들어 내는 에너지 쪽이 많다. 즉 태양전지의 수명이 에너지 회수연수보다 길면 태양전지로 새로운 에너지를 만들어 낼 수 있다. 태양전지의 수명은 현재 20년 정도로 보고 있으므로 새로운 에너지의 창출이 가능하다.

즉 최초의 태양전지는 화석연료로 제조하고, 그 태양전지 발전장비를 사막에 설치하여 그것에서 획득되는 전력으로 다음의 태양전지의 원료와 태양전지를 제조한다면, 화석 연료를 사용하지 않고 태양전지를 태양전지 자체에서 제조할 수가 있어 태양전지는 쥐셈식으로 계속 늘어나게 된다. 즉 그림 5-5같이 태양전지는 자기증식을 하게 된다. 에너지 회

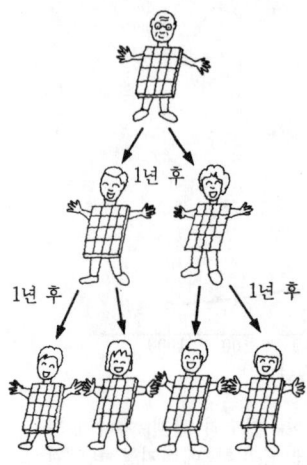

그림 5-5 빛을 받고 증가하는 태양전지. 1개의 태양전지 발전 에너지로 여러 개의 태양전지가 생산된다.

수연수가 짧은 비결정실리콘 태양전지는 자기증식의 속도가 빠르다.

화석연료를 사용하는 한 어떠한 효율이 높은 에너지 변환기를 사용하여도 증식시킬 수는 없다. 이것을 좀 어려운 말로 하면 엔트로피는 반드시 증대한다고 한다. 자연계에는 자기증식을 할 수 있는 것으로 식물이 있다. 태양전지는 식물과 같이 자기증식이 가능한 에너지변환기이며 세대적으로 생각하면 엔트로피를 감소시킬 수 있는 변환기라 할 수 있다. 21세기에는 쥐셈이 아닌 '태양전지셈'이란 새로운 말이 유행할지 모르겠다.

5-7 태양 에너지로 어느 정도 이산화탄소를 삭감할 수 있는가

400만톤이나 삭감할 수 있는 대규모 태양빛 발전소

평균적인 발전소의 출력인 100만kW를 태양전지로 발전한다고 가정하여 생각해 보자. 태양전지의 수명은 현재 20년으로 보고 있으므로 그 사이에 발전하는 총전력을 처음에 계산해 본다. 평균일사시간을 3.84시간으로 하고 시설에서

의 전력손실을 30%로 보면,

$$총전력 = 100만kW \times 20년 \times 365일 \times 3.84시간 \times 0.7$$
$$= \sim 200억 kWh$$

이다. 이 전력을 100만kW의 화력발전으로 대체한다면 약 2년간의 가동이 필요하다.

흔히 석유화력으로는 1kWh당 200g의 이산화탄소가 발생하는 것으로 보고 있다. 그러므로 200억kWh의 발전을 하면 400만톤의 이산화탄소가 배출되는 셈이 된다. 따라서 100만kW의 태양빛 발전소에서 약 400만톤이나 되는 이산화탄소의 삭감이 가능하다.

태양빛 발전장치에서 전기를 생산할 때는 분명히 이산화탄소는 생성되지 않으나, 태양전지의 원료인 고순도 실리콘을 제조할 때, 또는 태양전지를 제조할 때, 모듈 틀의 알루미늄, 받침대의 철이나 콘크리트, 인버터를 구성하는 부품 등을 제조할 때 각각 화석연료를 사용하여 이산화탄소를 배출할 것이 아니냐 하는 반론이 일부 있다.

분명히 태양빛 발전장치를 구성하는 부품을 제조하는 과정에서 화석연료를 사용하면 이산화탄소를 배출하게 되나, 그 정도의 양은 화석연료를 끊임없이 연소시켜 발전하는 화력발전소에 비하면 극히 작은 양이다.

제5장 6절에서 설명한 대로 태양전지와 그 시설을 포함한 에너지 회수 연수로 고려하여도 태양전지를 제조하는 에너지의 약 10배 정도의 에너지를 태양빛 발전장치에서 생산하는 것이 가능하다.

그러므로 장래에 제8장에서 설명하는 대규모 태양빛 발

전소를 일단 건설할 수 있다면 그것에서 발생한 전력으로 각종의 태양빛 발전장치를 구성하는 소재나 제조 라인의 에너지를 부담하고, 태양 에너지로 태양빛 발전장치를 제조하는 것도 꿈만은 아닐 것이다.

6. 태양전지의 가격과 경제성

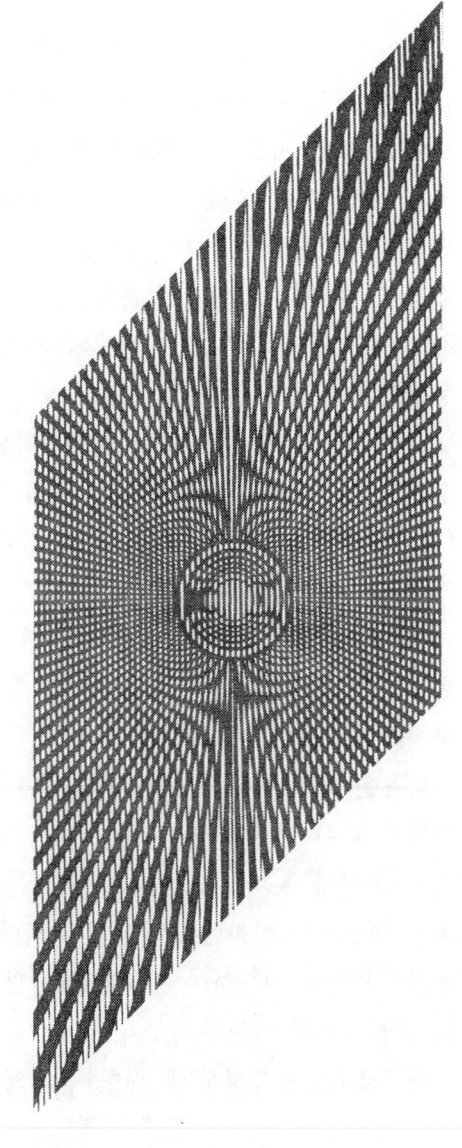

6-1 태양전지를 설치하면 득이 되는가

　득인지 어쩐지를 생각할 때 독자 여러분들은 머리 속에 그림 6-1 같이 '현재의 전기요금'과 '태양전지에 의한 발전요금'을 놓은 저울을 그리고 있을 것이 틀림없을 것이다. 현재의 태양전지 가격은 1W당 700~1000엔이며 1kWh당의 발전비용에 환산하면 70~200엔 정도가 된다(환산방법은 3절에서 설명한다). 현재 일본의 전기요금은 1kWh 사용하면 24엔 정도이므로 저울은 '현재의 전기요금' 쪽으로 기우는 상태이다.

　그러나 다음에 설명하는 것같이 저요금화가 진행되어 태양전지 가격이 현재의 6분의 1 정도, 즉 1W당 100~200엔(발전요금환산으로는 1kWh당 20~30엔 전후)이 되면 전기요금과 같아진다.

　현재와 같은 상태로 저요금화가 진행되면 2000년에는 실현가능한 숫자이다. 즉 장래를 생각할 경우 가격면에서 매우 유망한 발전수단이라 할 수 있다.

　다음은 금전면만 생각할 것이 아니라 더 큰 전망으로 그야말로 인류 전체에 있어 득이 되는가 손실이 되는가 하는 것을 생각해 보자. 최근에 화석연료를 연소시켰을 때 배출하는 대량의 이산화탄소가 원인이 되어 일어나고 있는 지구온난화현상을 비롯하여 지구환경에 관한 여러 가지 문제를 많이 들으리라 믿는다.

　이 '지구온난화현상'에 대한 규제책으로, 석유나 석탄을

6. 태양전지의 가격과 경제성 *143*

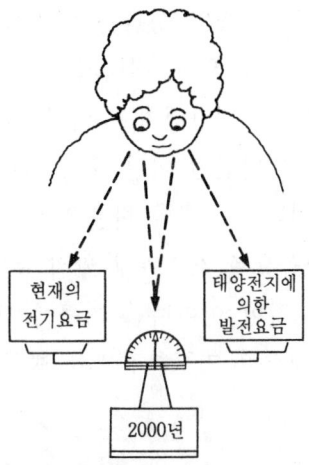

그림 6-1 태양전지를 장치하면 득이 되는가? 현재, 전기요금은 1kW 사용에 24엔 정도. 태양전지의 발전비용(현재 1kW 70~200엔)이 1/6정도가 되면……

사용한 결과로서 이산화탄소를 배출하므로 화석연료를 사용할 때는 탄소세를 도입하려는 움직임이 유럽에서 일어나고 있다. 만일 탄소세가 생긴다면 현재의 전기요금은 물론 물품의 제조비용은 크게 상승하게 된다.

또한 유럽에서 검토되고 있는 탄소세를 전기요금에 전가하면 새로 1kWh시당 7엔이 가산되어 일반 가정에서 연간 2만엔에서 3만엔에 가까운 부담이 늘어나게 된다. 어쨌든 현상태로라면 분명히 지구환경은 갈수록 파괴될 것이며, 이것은 금전면의 득실, 손실의 문제로는 해결되지 않는 인류의 생존에 관한 중대한 문제이다. 제 1 장에서 이야기한 대로 에너지원으로서의 화석연료는 2020~2030년에 최고조를 맞이할 것이라고 추정된다.

역시 21세기에는 인류의 생활을 영원히 뒷받침해 줄 수 있는 깨끗하고 신뢰성 있는 에너지원이 필요하다. 그것이 태양전지이다. 그러나 태양전지는 이제 겨우 길고 긴 인생의 첫발을 내디딘 얼마안된 어린 애기이다.

여러분들이 어머니인 지구와 마음을 하나로 하여 이 어린 애기를 따뜻한 마음으로 소중하게 키워 준다면 반드시 크게 성장할 것이다. 그것이 어머니인 지구에 대한 최대의 예후가 되며 우리는 깨끗한 지구환경에서 쾌적한 생활을 할 수 있는 길이다.

6-2 태양전기장치를 구비하였을 경우 몇 년이 지나야 원금을 회수할 수 있을까

현재의 전기요금은 1kWh당 24엔 정도이다. 태양전지장치를 구입하였을 경우 몇 년이면 원금을 회수할 수 있을까.

표준형 가정에서의 1년 동안의 평균 전력소비량은 약 3000kWh이므로 1년의 평균 전기요금은 7만엔 정도가 된다. 현 시점에서 3kW의 장비를 구입하려면 태양전지 본체의 가격이 약 300만엔, 기타의 빛발전장비 관계의 비용이 100만~200만엔 정도가 되어 합계 400~500만엔이 된다. 전기요금이 매년 3% 상승한다고 가정하면 원금을 회수하는 데는 설비상각을 고려치 않는 경우라도 약 30년이 필요하다.

그러나 2000년에는 태양전지 본체의 가격이 약 30만엔, 컨트롤 장치가 약 30만엔으로 장치 전체의 가격은 약 60만

6. 태양전지의 가격과 경제성   145

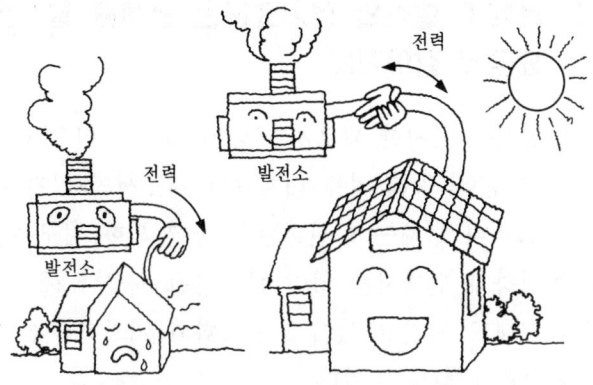

그림 6-2 가정에 태양빛 발전장치를!
태양빛 발전장치의 설치여부는 금전면에서의 득실문제
에 달려 있지 않다. 지구환경구제의 문제이다.

엔 정도가 될 것이라 한다. 또한 사용기간 중의 보수비를 고려하여도 원금을 회수하는 데는 약 10년이면 충분하다.

태양전지 빛발전장치의 수명은 20~30년으로 보고 있으며 원금을 회수하는 데 필요한 약 10년은 그리 긴 기간은 아니다. 또한 전기요금은 환경대책비용의 부가나 화석연료의 사용제약에 의한 가격상승으로 앞으로 더욱 급격하게 상승될 것이므로 원금이 회수되는 기간은 상대적으로 단축될 것이다.

21세기의 우리들 모두의 지구를 우리들 모두의 손으로 조금이라도 건강한 상태에 가깝게 하기 위한 첫걸음으로서 각 가정에 태양전지장치를 설치하는 것을 생각하면 어떻겠는가(그림 6-2).

6-3 태양빛 발전의 전기요금은 언제쯤 일반전기 요금과 같아지나

태양빛 발전을 위시한 새로운 에너지 개발은 이전에는 석유 가격의 상승에 대한 석유 대체 에너지로서의 취지가 농후하였다. 그러나 현재는 이산화탄소 등에 의한 지구온난화 현상을 방지하기 위해서는 없어서는 안될 깨끗한 에너지원으로서의 기대도 커지고 있어 고품질화와 저가격화에 관한 연구가 활발히 진행되고 있다.

태양전지 자체의 생산비용은 1974년 선샤인 계획이 출범했을 때에는 1W당 약 3만엔이었다. 이것이 현재는 제2장의 그림 2-4같이 700~1000엔 정도까지 낮아지고 있다. 그 가격의 장래 전망은 연간생산 1만kW 규모의 공장에서 양산화하는 경우에는 500엔 이하가 가능하게끔 되어 있다.

수요가 늘어나 1W당 500엔 이하로 공급될 수 있게 되면 외딴섬이나 산간지에서 사용하는 디젤 발전(1kWh당 50엔 정도)과 경합하게 된다.

더욱더 상용전력과 겨누어 나가자면 보다 더 비용절감을 해야 한다. 어느 정도가 되면 좋은가 알기 위해서 태양빛 발전장치의 가격에 대해 1년 동안의 가동률(야간을 제외하고 일조 상황 등을 감안), 수명(20년), 주변장치인 받침대나 인버터(직류교류 변환기) 등을 상세히 분석한 결과, 1W의 태양전지의 시판가격이 100~200엔 정도가 되면 현재의 상용전력과 경합된다고 예측되었다.

여기에 태양전지의 발전비용에 대하여 설명하기로 하자.

태양전지의 가격은 이제까지 이야기한 바와 같이 'W당 얼마이다'라는 식으로 표현한다. 이것을 전기요금과 같은 kWh, 몇 엔인가로 나타내려면 다음과 같이 계산한다.

발전비용 = 태양빛 발전에 소요되는 비용÷태양빛 발전으로 발생하는 전력량

태양빛 발전으로 발생하는 전력량은 수명을 20년으로 했을 때 1W의 태양전지로

1W×3.84(평균일사시간)×0.7(전력손실 30%)
×365일×20년=19622Wh

가 되며, 1W의 태양전지는 전지의 수명기간 동안에 약 19.6kWh 발전하는 셈이 된다.

다음에 태양빛 발전장치에 드는 비용은 1W당의 태양전지 가격을 100엔, 인버터 받침대 등의 장치가격을 동일하게 100엔으로 하면,

① 금리, 감가상각, 수리비 등이 발생하지 않는 경우에는 200엔
② 금리, 감가상각, 수리비 등이 발생하는 경우(사업용 산정방식에 의함)에는
  • 금리=건설비×5.5%(대체 에너지로서 저금리를 적용)
  • 감가상각=건설비×0.9%÷내용연수(耐用年數)
  • 자본금=금리+감가상각
  • 수리비=건설비×0.5%

로 하면 태양빛 발전장치에 필요한 비용=(자본비+수리비)×내용연수로 계산되어,

(200엔×0.055+200엔×0.9÷20+200엔×0.0056)
×20=422.4엔

이 된다.

또한 비용산출에는 고정자산세, 보수요원비 등의 인건비, 일반관리비를 포함하지 않고 있다.

그러므로 발전비용은,

① 의 경우 200엔÷19.6kWh=10.2엔/kWh

② 의 경우 422.4엔÷19.6kWh=21.55엔/kWh

이 된다. 일반가정에서 사용하는 전기요금의 평균단가는 1kWh당 24엔이므로 태양전지가 1W당 100엔이 되면 상용전력대와 동등해지거나 그 이하가 된다. 동일하게 태양전지가 200엔이라도 상각을 고려하지 않는 경우에는 전력요금과 같게 된다.

이 100~200엔/W 정도가 달성되는 때는 현재까지의 비용절감의 속도나 앞으로의 기술향상 등을 고려하여 제2장의 그림 2-4와 같이 2000년경으로 예측되고 있다.

또한 발전비용은 태양전지나 장치의 가격이 인하되는 것 이외에 발전손실을 감소시키거나 수명을 연장시키는 것으로도 낮아질 수 있다. 나아가서 설치장소, 즉 일사량이 많은 지역에 설치하면 비용은 낮아진다. 가동률이 나쁘니 태양빛 발전장치는 안된다는 사람도 있으나, 앞에서 설명한 발전비용의 값은 태양빛 발전장치의 가동률을 충분히 고려하고 있다.

비용절감의 관건은 뭐니뭐니 해도 성능의 향상, 생산성의 향상과 대량생산 규모의 확대 등이다. 여기에 21세기를 향해 비용절감에 필요한 요소를 열거하면 다음과 같다.

- **태양전지의 변환효율 향상**

  변환효율이 2배가 되면 태양전지 모듈의 W당 가격은 거의 2분의 1 정도가 된다.

- **양산화 기술의 개발**

  가령 비결정 태양전지의 경우 현재 한 공장의 연간 생산규모는 수천kW 정도이나, 연간 10만kW 규모의 혁신적인 자동화 라인으로 양산되면 W당 가격도 2분의 1에서 4분의 1이 가능해진다.

- **셀(태양전지의 기본적인 단위) 품질의 불량률 감소**

  제조원료에 대한 제품의 비율이 향상된다. 이 비율이 80%에서 90%로 향상하면 가격은 9분의 8 정도로 낮아진다.

- **원재료의 저가격화**

  생산규모가 커지는 데 따라 제조원가에서 점하는 재료비 비율이 커지므로 비용절감에 크게 기여한다.

- **인버터의 효율 향상**

  인버터의 효율은 회로설계나 사용부품에 따라 변한다. 효율이 현재의 90%에서 가령 95%가 되면 전력손실이 억제되고 그만큼 장치 전체로서 변환효율이 상승한다. 그러므로 전체 비용이 줄어든다.

이상의 문제점을 극복하여 2000년에는 연간 20만kW의 생산공장에서 생산함으로써 1W당 100~200엔을 목표로 하고 있다.

또한 태양전지 빛발전장치의 저가격화를 위해서는 제 3 장 5절에서 설명한 대로 태양전지 외에 인버터, 받침대, 축전지 등 BOS의 비용 삭감도 중요하다. 그러므로 받침대는 부품의 간소화가 또 인버터, 축전지에 대해서는 부품재료의 저가격화 등의 검토가 이루어지고 있다.

이러한 과제가 달성되면 21세기에는 태양전지를 중심으로 한 깨끗한 에너지 시대가 도래하게 될 것이다.

6-4 남아도는 전기는 팔 수 있는가

태양전지는 낮의 맑게 갠 때에 잘 발전하나 구름이 낀 날에는 발전량이 적어지고 야간에는 발전하지 않는다. 이때 부족되는 전력을 충족하기 위해서 주간에 태양전지에 의해 발생한 전력을 축전지에 비축하는 방식이 고려되고 있으나 축전지에 비용이 드는 것과 그 보수·관리의 문제가 있어 일반가정에서는 받아들이기 어렵다.

그러므로 현실적으로는 축전지를 사용하지 않기 위해서 그림 6-3같이 보통의 전력회사 전력선(배전선)과 서로 선을 연결하여(이것을 '계통연계'라고 한다), 주간에는 가정의 잉여전력을 배전선으로 역송전하여 공장 등 전력을 많이 필요로 하는 데서 그 전력을 소비한다. 태양전지로 발전한 분만큼 화력발전소의 발전을 억제한 야간에는 역으로 배전선에서 전력을 송전받아 가정에서 소비하는 계통연계시스템이 고려되고 있다.

이러한 방법은 가정에서 발전한 전력을 인버터를 통해 배

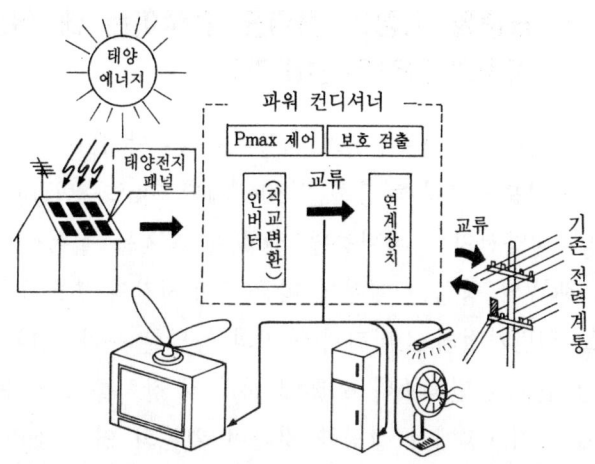

그림 6-3 태양빛 발전장치의 일반적인 구성. 장래, 가정은 이러한 계통연계체계가 보급될 것으로 생각된다.

전선에 보내(역조류), 그 전력을 전력회사에서 사게 되므로 축전지가 불필요할 뿐더러 산 전력의 가격 만큼 전기요금이 낮아지게 된다.

이처럼 잉여전력을 배전선을 이용하여 전력회사가 사고 전체요금을 낮추는 방식은 미국이나 유럽에서는 이미 인가되어 보급되기 시작하였다.

일본에서도 현재 이 계통연계에 대한 제도적인 검토가 급속하게 진행되고 있으며, 1992년 4월부터 전력업계는 판매전력가격을 한도로 하여 사는 것을 결정하였다. 1992년 중에는 역조류를 포함한 연계를 가능하게 하는 지침서를 발간할 예정이다.

6-5 표준형 가정의 전력을 충족하는 데 필요한 장치의 가격은 얼마인가

일본의 표준형 단독주책의 지붕 면적은 약 120m²로 보고 있다. 그 4분의 1에 해당하는 30m²에다 1m²의 변환효율이 10%인 태양전지를 설치하면 3kW의 장치를 실현한 셈이 된다. 3kW의 장치는 계절에 따른 일조시간의 변화를 고려하여도 일반가정의 소비전력을 거의 충당할 수가 있다.

가령 일본의 단독주택 80%에 6kW의 장치를 설치하였을 경우에는 제5장에서 설명한 것같이 일본의 연간 소비전력의 무려 약 14%나 커버할 수 있는 일대 발전소 시스템이 가능해진다.

현재는 이 시스템을 설치하는 경우에 태양전지의 가격은 1W당 700~1000엔으로 비교적 고가의 것이 되므로 여러분들이 부담없이 살 수 있는 가격과는 거리가 멀다. 그러나 현재 추진 중인 저가격화가 순조롭게 진행되면 2000년 이후에는 W당 100~200엔이 되며, 3kW 장치의 태양전지비용은 30만~60만엔, 제어장치를 태양전지 본체와 같은 가격으로 보아 합계 60만~120만엔이란 적절한 가격으로 자가전력을 충당할 수 있게 된다.

이제까지의 이야기는 어디까지나 지붕에 태양전지를 설치한다는 가정하에 진행해 왔으나 현재의 지가 상승을 고려하고 또 이러한 가정이 타당하다고 할 때, 21세기에 개인주택용으로 태양전지가 보급된다면 그 설치장소의 태반은 아마도 지붕이 될 것이다.

그러나 태양전지를 지붕에 설치하면 경관을 해치지 않을까 하고 걱정하는 사람도 있을 것이다. 그러한 걱정을 없애기 위해 제3장 4절에서 설명한 것처럼 태양전지와 슬레이트 기왓장이 일체가 된 것이나, 재래식 기왓장 자체가 태양전지로 된 것 같은 특이한 태양전지도 나와 있다.

6-6 태양전지는 여름의 전력수요가 최고조일 때 매우 효과적이다

사회의 발전과 그것에 수반하는 쾌적한 생활의 추구, 깨끗하고 다루기 쉬운 전력의 특성에서 에너지의 전력화와 부합하여 그림 6-4와 같이 전력수요는 계속 늘어나고 있다. 이러한 동향에 따라 최근의 전력계통의 상황은 수요최고시의 증대, 최대값과 최소값의 일간·계절간 격차 증대 등의 문제에 직면하고 있다(그림 6-5).

이러한 상황에 따라서 전력회사는 수요최고시에 안정적으로 공급할 수 있도록 장기전망하에 발전소를 비롯하여 송변전설비, 배선설비의 건설을 진행하고 있으나 늘어나는 수요에 쫓기고 있는 실정이다.

그러면 다음에는 전력회사의 수요최고시의 대비를 위한 화력발전소의 발전비용을 계산하여 보자.

여름의 수요최고시 3개월(7~9월)의 수요최고 시간대를 8~18시의 10시간으로 가정하면, 발전소의 연간가동률은

$$\frac{3개월}{12개월} \times \frac{10시간}{24시간} \times 100 ≒ 10\%$$

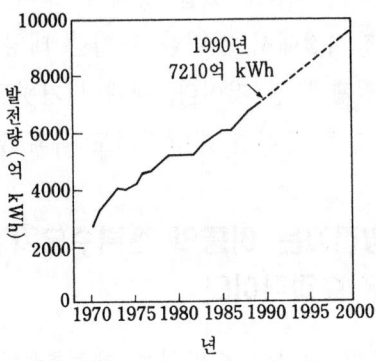

그림 6-4 일본의 연간발전량의 추이

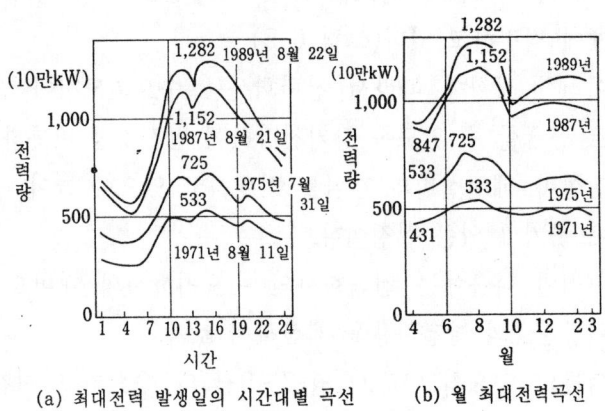

(a) 최대전력 발생일의 시간대별 곡선   (b) 월 최대전력곡선

그림 6-5 전력량 추이

가 되며 따라서 발전단가는 일반 석유화력발전소의 연간가동율을 70%로 볼 때

11엔/kWh(석유화력의 발전단가) $\times \frac{70\%}{10\%} = 77$엔/kWh

가 된다.

이처럼 수요최고시 전력용의 발전비용은 1kWh당 80엔 정도로서 꽤 높은 것이다.

수명이 20년인 태양전지의 가격이 800엔/W 정도로 1kWh당의 발전비용은 금리가 없다면 80엔 정도가 되므로 태양빛 발전의 전기대와 맞먹는다. 즉 현재의 태양전지 가격은 800엔 정도이므로 수요최고시 대비를 위한 전기대와 거의 같은 가격이며, 태양전지는 현재에도 수요최고시의 대비를 위해서 충분히 사용할 수 있다.

제5장 2절에서 일본의 단독주택 80%에 6kW의 태양전지를 설치하였을 경우에 일본 총전력의 약 14%를 충족할 수 있다고 하였는데, 최고수요전력의 대비에 어느 정도 기여를 하는지 생각해 보자. 그림 6-5에서 알 수 있듯이 1989년의 최대수요전력은 1억 2800만kW에 이르렀다.

일본에 있는 2100만호의 단독주택 중 80%에 6kW의 태양전지 장치를 설치하면 그 총발전량은,

6kW × 21000000호 × 0.8 = 1.01억kW

이다. 이 약 1억kW의 발전량으로 일본의 최대발전량에 해당하는 최고전력 수요의 약 80%를 충족할 수 있다. 이것은 일본 전국이 맑은 날이었다든가 단독주택 80%의 남쪽경사면 전체에 6kW의 태양전지를 설치하였다는 등 어느 정도 이상적인 상황을 상정한 것이므로 더욱 가까운 장래를 고려

그림 6-6 태양전지는 여름의 전력 최고조시를 분담하는 데 매우 효과적이다.

하여 앞에서 말한 조건을 절반으로 하여 생각해 보자. 즉 2100만호의 80%에 3kW의 태양전지 발전장치를 설치하고 그 출력으로 맑은 곳이나 흐린 곳이 있다는 것을 고려하여 전국 평균을 50%로 하면

$3kW \times 21000000호 \times 0.8 \times 0.5 = 2520만kW$

로 된다. 이 2520만kW의 발전량으로 일본의 최대발전량의 약 20%를 충족할 수 있게 된다. 제5장 1절에서 설명한 대로 단독주택만이 아니고 학교나 공장 등에 태양빛 발전장치를 설치하면 같은 조건으로 계산하여 최고전력의 30~40%를 충족할 수 있게 된다. 물론 태양빛 발전은 일기에 따라 달라진다. 그렇지만 다음에 설명하는 태양에어콘과 더불어 이 숫자를 생각하면 충분히 그 실력을 평가할 수 있다고 필자는 여기고 있다.

이처럼 태양전지는 소비전력이 증대하는 시간대, 즉 주간에 출력이 최대가 되고 소비전력이 적어지는 저녁 때에는 출력이 저하한다. 즉 태양전지는 우리들의 전력소비의 리듬

에 꼭 맞는 에너지원이며, 단순히 최대수요를 완화시킨다는 것뿐 아니라 에너지 절약에도 기여한다. 또한 깨끗하고 안전하다는 것은 금전으로 대체할 수 없는 장점이며 공해예방 대책비용 그리고 사고예방 대책비용이 필요한 기존 에너지에 비하면 대단히 유리하다고 볼 수 있다. 이처럼 불가결한 발전수단이란 것은 틀림없는 사실이다(그림 6-6).

7. 태양전지의 새로운 응용

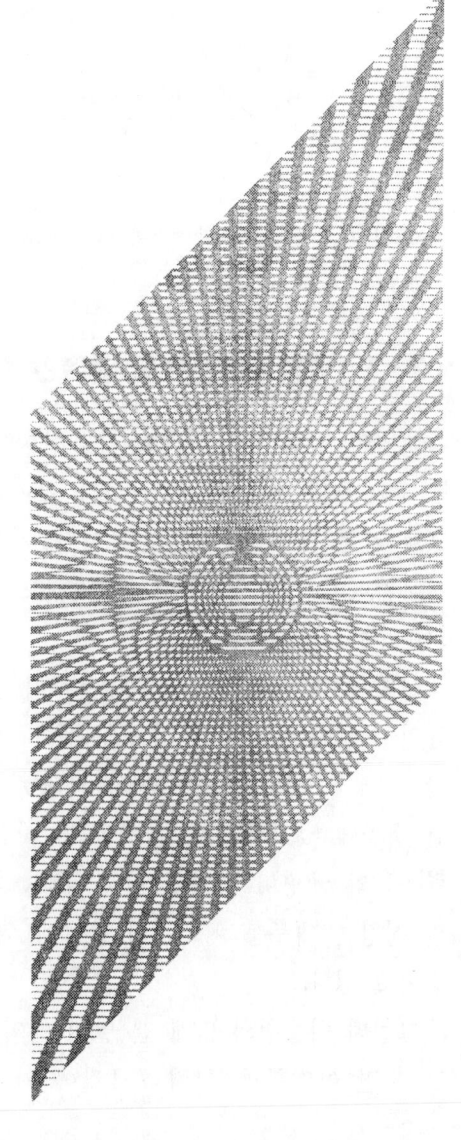

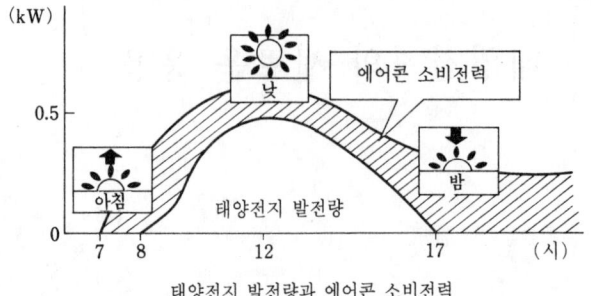

그림 7-1 태양전지 발전량과 에어콘 소비전력. 에어콘 소비전력
의 시간변화는 태양전지 발전량의 시간변화와 잘 일치한다.

7-1 태양에어콘으로 쾌적한 생활을

햇빛이 강렬하게 내리쪼이는 한여름에 일본의 전력수요는 최고조에 이른다. 각 가정의 에어콘이 일제히 최고성능으로 가동하기 시작하기 때문이다. 기온이 30℃를 돌파하고 게다가 1℃ 상승할 때마다 전국적으로 새롭게 400만kW나 되는 수요가 증가한다.

생활의 쾌적함으로 바라는 욕구가 높아지는 가운데 에어콘의 보급률은 해마다 상승을 계속하여 지금은 '한 세대에 한 대'에서 '한 방에 한 대'의 시대로 옮겨 가고 있다. 쾌적한 생활에 없어서는 안될 에어콘이지만 그것으로 여름의 전력수급의 균형이 압박을 받고 있다. 특히 최근의 전력소비의 신장은 대부분 에어콘의 보급에 의한 것으로 대책이 요망되고 있다.

그런데 여름철의 맑게 갠 날의 에어콘 소비전력을 시간대로 보면 어떠할까. 그림 7-1같이 기온이 상승하는 12시에

7. 태양전지의 새로운 응용 161

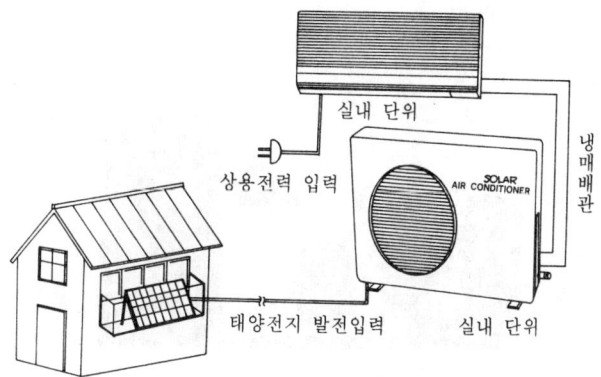

그림 7-2 태양에어콘

서 오후 3시까지가 소비되는 전력이 최대이다. 한편 태양전지 출력도 그 일사량에 대응하여 역시 12시경을 중심으로 최대로 출력한다.

즉 에어콘의 소비전력 최고치 때와 태양전지 발전량의 최고치 때가 일치한다. 이것은 두말할 나위 없이 태양전지가 에어콘의 전원으로는 가장 적합하다는 것을 말하고 있다.

태양전지를 응용한 태양에어콘으로는 그림 7-2 같은 시스템이 고려되고 있다. 이 시스템은 태양전지와 상용전원의 병용운전시스템이다. 에어콘의 소비전력은 다다미(일본식 돗자리) 8장을 까는 방으로 약1kW 정도이다. 방이 충분히 냉각되어 열평형상태(일정 실온상태)를 이루었을 때 에어콘의 소비전력은 300~500W가 된다.

다시 말하여 자동차의 경우 운전하기 시작할 때에는 대량의 가솔린을 필요로 하나, 일단 운전하고 나서 정규속도 주

사진 7-1 태양에어콘

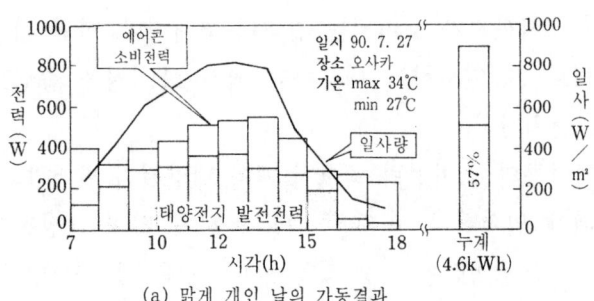

(a) 맑게 개인 날의 가동결과

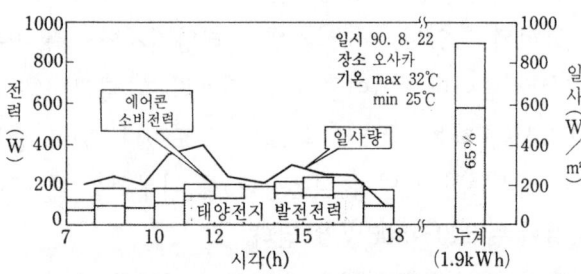

(b) 구름이 낀 날의 가동결과(비오는 날에도 같은 경향을 나타낸다)

그림 7-3 태양에어콘의 가동 자료

행을 하면 적은 가솔린 소비량으로 달릴 수 있는 것과 같은 원리이다.

그러므로 최대전력인 1kW를 충족하는 태양전지로 에어콘을 가동하기보다, 아침에 작동시킬 때는 상용전원에서 전기를 공급받고 비교적 적은 발전량의 태양전지(가령 500W)의 출력과 병용가동하는 새로운 방식이 필자 등에 의해 고안되었다. 방이 냉각될 때는 낮 시간 때이며, 그때는 태양전지의 출력이 최대이므로 태양전지의 출력으로 거의 에어콘 소비전력을 충족할 수 있게 된다.

물론 병용가동이므로 야간에도 에어콘을 상용전원으로 가동할 수 있다. 더욱이 태양에어콘은 여름의 냉방용으로만 아니라 겨울에는 난방용으로서 혹은 봄이나 가을에는 제습용으로서 사용할 수도 있다.

1991년에 발매된 사진 7-1 같은 태양에어콘의 실험결과로는 맑게 갠 여름날에는 그림 7-3 (a)같이 에어콘 소비전력의 약 57%까지를 보충할 수 있었다. 또한 흐린 날에는 그림 7-3 (b)같이 65%까지 충족할 수 있다. 이것은 흐린 날은 태양전지의 출력저하분 이상으로 에어콘의 소비전력이 낮아지는 경우가 있기 때문이다.

태양에어콘에 사용되는 태양전지는 에어콘의 최대소비전력 1.0kW에 대해 500W로서 소요면적은 1m×5m 즉 불과 5m²로서 베란다나 지붕에 간단히 설치할 수 있다.

가령 일반가정에 태양에어콘을 1대 설치한다면 1년 동안에 절약되는 전력량은 평균 약 600kWh 정도 되며 석유로 환산하면 연간 350kℓ가 된다. 에어콘은 연간 평균 약 600만대 정도 팔리고 있다. 그 중의 6분의 1 즉 100만대에 500W의 태양전지를 단다면, 100만대×500W=50만kW의 최대수요전력을 대체할 수 있다. 즉 화력발전 1기분에 해당하는 최대수요전력을 대체할 수 있다. 또한 이산화탄소로 환산하면 연간 약 12만톤을 삭감하게 된다.

일본 전국의 가정이 태양에어콘으로 대체되면 태양전지를 응용한 태양에어콘은 우리의 쾌적한 생활을 보장해 줄 뿐 아니라 핍박한 전력공급을 보조하고 나아가서 지구환경에 대해서는 갸륵한 영향을 미친다. 이러한 것이 분명하다면 하루라도 빨리 태양에어콘의 보급이 이루어져야 한다.

7-2 태양냉장고, 태양깡통압착기, 태양보트 등이 속속 출현

태양냉장고가 실현되다

앞에서 말했지만 태양전지는 태양빛이 도달하는 곳이라면 설치하는 것만으로 어디에서나 간단히 전기를 획득할 수가 있다. 이러한 특징을 살려서 상용전력이 미치지 못하는 지역을 위한 체계가 개발되어 있다. 그렇다면 상용전력이 미치지 못하는 지역이란 어디일까. 상용전력이 어디에나 들어가 있고 언제 어디에서나 콘센트에 플러그만 꽂으면 전기를 간단히 쓸 수 있는 나라에서 사는 우리로서는 잘 납득이 되지 않는다.

그러나 해외로 눈을 돌려 보자. 여러 개발도상국에서는 아직도 전기가 미치지 못하는 지역이 있다. 이러한 지역에

사진 7-2 태양냉장고

서는 위생상의 문제와, 전기가 미치지 않으니 약이나 백신을 보관하기 위한 냉장고조차 없는 불충분한 의료시설로 인해 병으로 고생하는 사람이 많다.

이러한 지역주민의 고통을 구제하기 위해 백신 등을 낮은 온도에서 보관할 수 있는 냉장고를 태양전지로 가동하는 시스템인 '태양냉장고'의 개발도 필자 등이 진행하고 있다. 이 태양냉장고는 200~300W의 태양전지로 발전한 전기를 배터리에 비축하여 직류전기로 가동하는 냉장고(용적 80ℓ)를 구동시키는 시스템이다. 배터리에 전기를 비축하므로 비오는 날에도 냉장고 안의 온도를 안정적으로 일정하게 유지하는 것이 가능하다. 사진 7-2는 그러한 냉장고를 보여준다.

태양전지는 엔진발전기같이 가솔린을 보급하거나 보수하는 등의 유지가 전혀 불필요하다. 따라서 이러한 지역의 주민에게 있어서 태양냉장고는 의료수준을 높일 뿐 아니라 매우 간단하게 이용할 수 있다는 큰 장점이 있다.

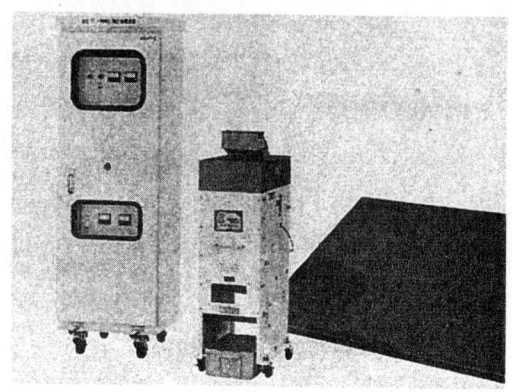

사진 7-3 태양깡통압착기의 외관

태양깡통압착기

청량음료수나 맥주 등 깡통을 사용하는 제품은 유리처럼 깨질 염려가 없고, 운반하기 쉽고, 게다가 청결하다는 점에서 일상생활에서 매우 편리한 물품이다. 길거리에 있는 음료수 자동판매기도 거의가 깡통상품이다.

그런데 이 깡통제품은 사용한 후에 남는 빈깡통이 공해로서 큰 문제가 되고 있다. 여러분들도 소풍 갔을 때, 여기저기에 버려져 있는 빈깡통을 많이 보았을 것이다. 무심한 사람들에 의해 지구가 더럽혀지고 있다. 1988년에는 연간 철제가 126만 6200톤, 알루미늄제가 14만 9000톤의 빈깡통이 소비되었다.

이 빈깡통을 회수, 재생하면 지구오염을 방지하는 데 일조할 뿐 아니라 자원보호와도 연관된다. 필자 등은 이 빈깡통을 압착, 회수하는 태양전지장치의 개발도 하고 있다. 사

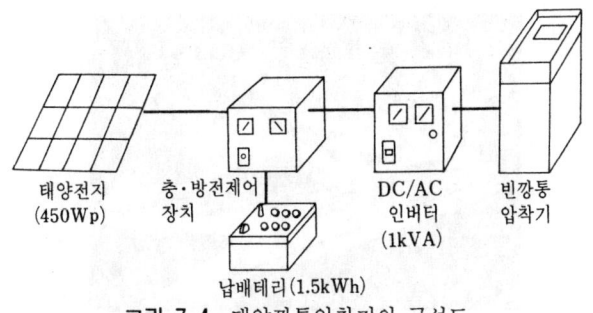

그림 7-4 태양깡통압착기의 구성도

진 7-3은 압착기의 외관이며 그림 7-4는 구성도이다. 이것은 약 450W의 태양전지로 빈깡통압착기를 가동하는 장치로서 하루에 200~400개의 빈깡통을 압착, 회수할 수 있다.

또한 배터리를 병용하고 있으므로 비오는 날에도 가동할 수 있다. 깨끗한 태양전지로 빈깡통 공해를 막고 나아가서 재활용에 의한 자원보호도 가능한 셈이다. 태양깡통압착기는 지구에 이바지하는 장치라 할 수 있을 것이다.

태양보트로 달린다

태양전지는 각종 운반물의 동력원으로서 응용가능하며 태양자동차, 태양비행기 등이 개발되고 있다. 이러한 것들에 대해서는 나중에 설명하기로 하고 여기서는 우선 필자 등이 개발한 태양보트「아몰톤플라워호」를 소개하기로 한다.

1990년 4월 1일부터 9월 30일까지「국제 꽃과 푸르름의 박람회」가 일본 오사카에서 개최되었다. 박람회장 내에는 '생명의 바다'라고 불리는 큰 못이 있는데 그대로 방치하면 낙엽이나 빈깡통으로 더러워진다. 그러므로 못을 청소할 보

사진 7-4. 태양보트「아몰톤플라워호」

트가 꼭 필요하게 된다. 그런데 박람회의 취지상 그 보트는 어디까지나 깨끗해야 할 필요성이 있다

그러므로 필자 등은 태양전지를 전원으로 한 태양보트, 애칭「아몰톤플라워호」를 야마하발동기 주식회사와 공동개발하여 박람회 협회에 제공하였다. 그 외관을 사진 7-4에서, 구성도는 그림 7-5에서 볼 수 있다.

「아몰톤플라워호」는 태양전지에서 배터리에 저장한 전력에 의해 모터를 가동시켜 물 위를 마치 '물매암이'같이 슬슬 달린다. 보트 뒷부분에 달린 망을 조작하여서 못 위에 뜬 쓰레기를 회수하였다.

선체는 '가다마란 선형'으로 가로 안정성이 좋고 중앙부는 비워 있으므로 쓰레기 회수에 적합한 설계로 되어 있다. 또한 갑판 위의 공간을 넓게 잡아 작업성의 향상도 도모하였다.

또한 선체의 곡면에 맞추어 태양전지를 장착할 필요성이 있었으므로 새롭게 플라스틱 모듈을 개발하였다. 이것은 내

7. 태양전지의 새로운 응용 169

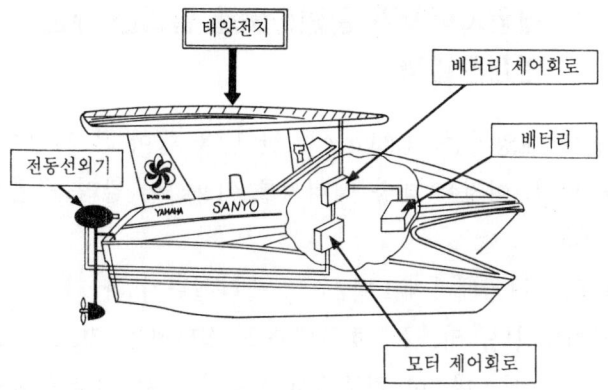

그림 7-5 「아몰톤플라워호」의 구성도

후성 투명플라스틱기판과 알루미늄판으로 비결정실리콘 태양전지를 샌드위치같이 사이에 낀 구조를 채용하고 있다. 이것으로 곡면에 대한 장착이 가능하였고 종래의 태양전지 모듈의 5분의 3으로 경량화할 수 있었다.

이 태양보트의 크기는 전장 4.98m, 전체폭 2.23m, 중량은 500kg이다. 시속은 4km이며 가득하게 충만된 전지로 13km를 달릴 수 있다.

「아몰톤플라워호」를 만들어 물 위에 띄운 것은 태양전지 전체로서 볼 때는 대단치 않은 것일지 모른다. 그러나 박람회를 찾는 많은 아이들은 「아몰톤플라워호」의 활약을 보고 환경을 보호하는 일의 중요성과 태양전지의 커다란 가능성의 양쪽을 분명히 느꼈을 것이다.

7-3 태양자동차가 일반도로를 달리는 때는 언제쯤일까

최근에 태양자동차(solar car)란 말을 들어 본 사람이 많을 줄 안다. 이것은 태양 에너지를 이용하여 달리는 전기자동차이다.

1987년 11월에 「제 1 회 월드 솔라첼린지」의 자동차경주가 개최되었다. 코스는 호주대륙을 횡단하는 것으로 전장 3000km에 이른다. 이 경주에서 우승한 차는 미국 GM사의 태양자동차 [사진 7-5(a)]로서 평균시속 67km로 주파하였다. 가솔린차에 뒤지지 않는 태양자동차의 실력을 전세계에 증명한 것이다.

또 1990년에 개최된 제 2 회 대회에서는 혼다의 차 [사진 7-5(b)]가 평균시속 54km로 2위를 하였다. 구미 각지에서 성행하던 태양자동차 경주는 최근에는 일본에서도 상륙하여 「아사히 솔라카 랠리」 등이 인기가 있다.

그런데 '이런 태양자동차는 경주에서나 활약하는 것이지 실용화하려면 아직 멀었다'고 생각하다가는 큰일난다. 가령 태양자동차의 선진국인 스위스에서는 벌써 수년 전부터 국도를 달리기 시작하였고 그 수는 현재 200대 이상이라 한다. 6개 차종이 형식등록되어 자동차시장에서 판매되고 있는 것이다. 미국에서도 태양자동차를 생산하는 벤처기업이 속속 출현하고 있다.

일본에서는 아직 태양자동차의 발매가 되고 있지 않으나 실용화를 위한 연구개발이 급속도로 진행되고 있다. 가장

7. 태양전지의 새로운 응용 *171*

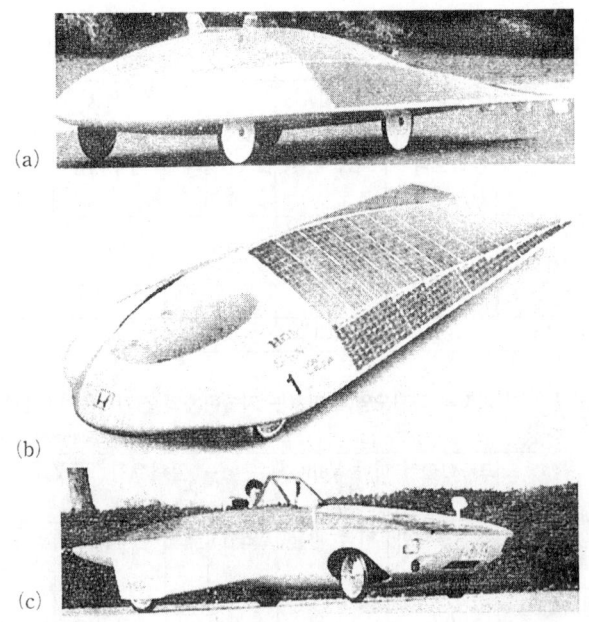

사진 7-5 (a) GM제 태양자동차(Sunraycer호)〔GM 제공〕
(b) 혼다제 태양자동차(드림호) 〔혼다 제공〕
(c) 도요다제 태양자동차(RaRa) 〔도요다 제공〕

빠르게 등록검사를 받고 보통승용차의 등록번호판을 교부 받은 도요다자동차의「RaRa Ⅱ」〔사진 7-5(c)〕가 그것이며, 1990년 11월에 오사카에서 개최된「90 전일본 대학 대항 여자역전선수권대회」에서 반주차(伴走車)로 사용되어 경기를 더욱 빛나게 하였다.

환경문제에 관심이 높아지는 데 따라 전기자동차 그 중에서도 태양자동차가 세계적으로 각광을 받게 되었다. 그도 그럴 것이 가솔린차가 1km 달릴 때마다 이산화탄소는 260g, 질소산화물(NO_x)은 0.87g 방출되나 전기자동차는 가

표 7-1 시가지의 대기오염에 미치는 가솔린차와 전기자동차의 영향

(EPRI Technical Brief에서)

그램/마일	GM Van(가솔린) (현재의 배기)		일렉트릭 G Van (발전소에서의 오염을 함유한 발생)		
	캘리포니아	미국 평균	로스앤젤레스 분지	미국 평균	미국 95 규제 후
휘발성 유기화합물	0.8	1.1	0.02	0.02	0.02
질소산화물	1.1	1.8	0.17	2.5	0.7
일산화탄소	9.0	10.0	0.02	0.1	0.1

표 7-2 시가지의 대기오염에 미치는 가솔린차와 전기자동차의 영향

(EPRI Technical Brief에서)

그램/마일	크라이슬러 미니 Van(가솔린)(현재의 배기)		일렉트릭 TE Van (발전소 오염을 포함한 발생)		
	캘리포니아	미국 평균	로스앤젤레스 분지	미국 평균	미국 95 규제 후
휘발성 유기화합물	0.7	1.0	0.01	0.01	0.01
질소산화물	1.1	1.8	0.08	1.2	0.3
일산화탄소	9.0	10.0	0.01	0.05	0.05

솔린차같이 배기가스를 뿌리고 달릴 걱정이 없다. 말하자면 도쿄의 하늘을 오염시키고 있는 NO_x의 70% 정도는 실은 자동차에서의 배기가스에 의한 것이다. 가솔린차야말로 도회지에서의 대기오염의 원흉인 것이다.

가솔린차와 전기자동차의 배기가스를 비교한 것이 표 7-1과 표 7-2이다. GM차와 크라이슬러차 각각 같은 정도의 적재능력의 차종을 채택하고 있는데, 주행 중 전기자동차는 배기가스를 방출하지 않으므로 두 표 모두가 전기자동차란에 나타나 있는 배기가스의 수치는 배터리에 충전하는 전기

를 위한 화력발전소의 배기가스의 수치를 뜻한다.

휘발성 유기화합물은 미국 평균으로 GM차의 경우에 전기자동차는 가솔린차의 불과 1.8%, 크라이슬러차는 1.0%이다. 또한 일산화탄소의 발생(미국 평균)은 GM차로서 전기자동차인 경우는 가솔린차의 1.0%, 크라이슬러차로는 불과 0.5%이다. 그런데 태양 에너지로 달리는 태양자동차라면 배기가스는 물론 0이다.

이처럼 지구환경에 무해한 전기자동차의 도입에 대해 1990년 세계전기자동차협회가 발족되어 도입 촉진을 도모하기에 이르렀다.

일본에서는 일본전동차량협회에서 장기목표(2000년 시점에서 생산대수 7만대/년, 보유대수 15만대)를 설정하고 보급을 추진하고 있다.

또한 미국 캘리포니아주에서는 전기자동차의 판매의무화를 단계적으로 시행하는 법률이 성립되어 1998~2000에 전기자동차 판매의 2%를, 2001~2002년에 5%, 2003년 이후는 10% 이상 전기자동차를 판매하지 않으면 안되게 되었다.

깨끗하고 소음이 적은 전기자동차, 그 중에서도 가장 각광을 받게 된 것은 뭐라 해도 태양자동차인 것이다.

연구의 성과는 서서이 나타나고 있으며, 1986년 필자 등은 사진 7-6(a)에서 보는 바와 같은 1인승 태양 타운카(town car)를 개발하였다. 이것은 쇼핑 때에 사용하는 자전거에 가까운 태양자동차로서 시속 24km로 주행거리는 40km를 달릴 수 있다. 또한 1991년에 필자도 협력한 유한

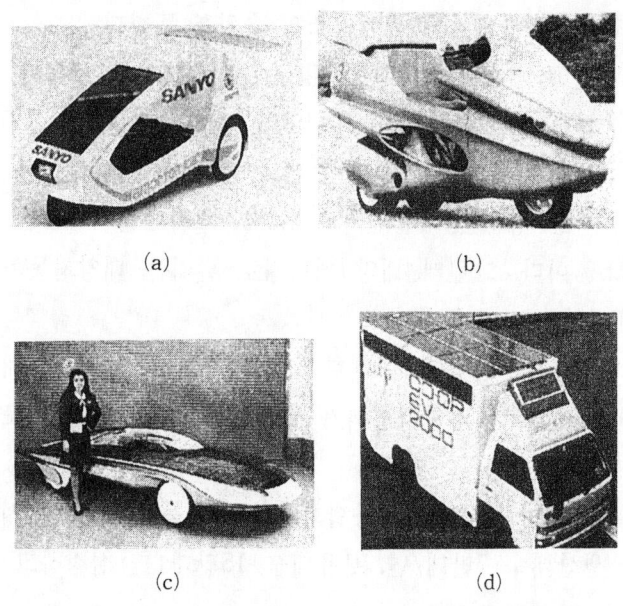

사진 7-6 (a) 태양타운카(아몰톤 카) (b) 태양자전거
(c) 태양자동차 (d) 태양트럭

회사 시바몬(柴紋)과 오사카 산업대학의 공동개발에 의한 사진 7-6(b)에서 보는 것 같은 태양자전거도 개발하였다.

이것은 자전거의 앞과 짐대에 태양전지가 설치되어 있으며 최고시속은 45km, 주행거리는 55km이다.

사진 7-6 (c) 같은 실용형의 태양자동차도 간사이전력에 의해 개발되었다. 이 태양자동차의 최고시속은 100km이며 탑재된 태양전지의 출력은 750W이다.

배터리를 사용하지 않고 태양전지만으로 달리는 경우에도 시속 40km까지 낼 수 있다. 차체는 2인승의 사륜차로서 길이 5.1m, 폭 1.9m이다.

승용차뿐 아니라 트럭도 태양자동차의 시험용 차가 출현하였다. 코프 가나가와 등 51생협(生協)이 공동으로 설치한 코프전동차량개발에서는 배달용 2톤 태양트럭을 개발하고 있다〔사진 7-6(d)〕.

7-4 태양자동차의 보급으로 석유는 어느 정도 절약되는가

태양자동차는 무공해에 더하여 태양의 혜택으로 달리는 에너지절약형 자동차의 으뜸이다. 가솔린 엔진에 비해 태양자동차는 도대체 어느 정도의 에너지를 절약할 수 있을까.

일본의 자가용의 평균 주행거리는 1달에 1000km이므로 1년으로는 12000km이며, 가령 10년간 사용하면 12만km에 이른다. 소형승용차의 연료비가 1 ℓ 당 8km라면 10년간에 소비하는 가솔린량은,

$$120000 km \div 8 km/\ell = 15000 \ \ell$$

이 된다.

일본에서도 연간 5500만대의 자동차가 6600억km를 달리며 2120만kℓ의 경유와 560만kℓ의 가솔린을 소비한다. 나아가서 전세계를 보면 석유 소비량은 연간 33.4억kℓ에 이르나, 그 중 6분의 1에 해당하는 5.6억kℓ를 자동차가 소비한다. 또한 세계 자동차의 생산량은 과거 10년에서 2배라는 기준으로 증가하고 있다.

연료가 필요 없는 태양자동차가 일본의 자동차시장에 출현하는 날이 가까워지고 있지만 마음이 쓰이는 것은 가격이

다. 가솔린 엔진에 비해 전기모터는 소형경량이고 또한 신형의 고성능 축전지의 개발이 현재 국가사업으로 진행되고 있어 그 결과가 양산화되어 저가격화가 실현된다면, 현재의 가솔린계 승용차와 별 차이가 없는 가격 즉 발매가격이 200만엔에서 300만엔 정도로 발매되리라 예상되고 있다.

여기서, 발매 예정인 태양자동차 가격과 현재의 자가용차에 소요되는 가솔린 비용을 비교하여 보자. 1ℓ당의 가솔린 가격을 135원으로 하여 자가용차가 10년 동안에 소비하는 가솔린 양은 앞에서 지적한 대로 1만 5000ℓ이므로 10년 동안에 필요한 가솔린 비용은,

$$135엔/ℓ \times 15000 ℓ = 2025000엔$$

즉, 태양자동차가 한 대를 살 수 있는 계산이 된다.

그런데 태양자동차가 "비오는 날에도 달릴 수 있나?" 하고 의문을 갖는 분들도 있을지 모른다. 그러나 걱정은 하지 않아도 된다. 태양자동차는 태양전지로부터의 전기 에너지로 직접 모터를 가동하여 달리는 것이 아니고, 그림 7-6에서 보는 것과 같이 전기 에너지는 일단 배터리에 비축되므로 갠 날에 충전해 두면 비 오는 날에도 마음대로 달릴 수 있다. 최근에는 신형 고성능축전지로서 니켈-수소 전지나 리튬 이차전지의 개발도 이루어지고 있다.

그렇지만 근거리에서 이용하는 것이라면 몰라도 어느 정도의 거리를 주행한다면 도중에 충전할 필요도 생길 것이다. 여기에서 고려될 수 있는 것으로 주유소 역할을 대신하는「태양자동차충전소」의 설치이다. 태양전지와 대용량배터리를 충전소에 갖추어 놓고 태양자동차의 배터리와 교환하

7. 태양전지의 새로운 응용   177

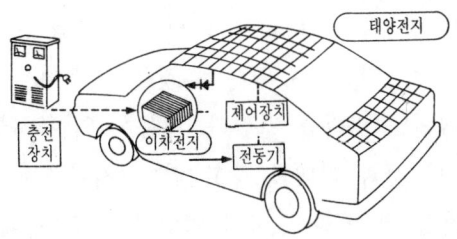

그림 7-6   태양자동차의 시스템회로(전동차량개발 제공)

는 방법도 생각해 볼 만하다.

그외에 태양자동차의 경우는 구태여 충전스태드를 설치하지 않고도 주차공간에 태양전지와 배터리 그리고 충전코드만 준비해 두면 주차 중의 충전도 가능하다.

그밖에 자택에서는 100V의 콘센트에서의 충전도 가능하며, 지붕에 태양전지를 설치해 놓으면 그것으로도 충전할 수 있다. 또한 제3장 3절에서 설명한 굽힐 수도 있는 태양전지를 트렁크에 넣고 다닌다면 어디에서나 꺼내어 펴놓고 충전할 수 있다.

스위스에서는 「솔라 파크 & 라이드」의 시스템이 개발되어 도시 주변부에 도입되어 있다. 이것은 가솔린차의 자가용차가 태양주차장까지 와서 충전된 태양자동차로 갈아타고 도심지로 향하는 제도로서 이러한 제도의 도입이 도시의 배기가스 추방과 관련된다는 것은 두말할 필요도 없다.

7-5 태양비행기로 북미대륙 횡단에 성공

태양전지로 발전한 에너지에 의해 자동차를 운전하고 태양보트로 바다를 건널 수 있다는 것을 앞절에서 소개하였다. 육지를 달리고 바다를 건넜다. 다음은 역시 하늘을 날을 차례다. 누구나 꿈과 기대를 갖고 있다. 지금까지 표 7-3에서 보는 것처럼 몇 번의 도전이 있었다. 그러나 태양비행기에 의한 본격적인 장거리비행은 아직 이루어지지 않았다.

1990년에 필자 등이 개발한 신형의 초경량가변성 비결정 실리콘 태양전지를 사용한 태양비행기로 북미대륙의 횡단에 성공하였다. 그리스 신화에 나오는 '이카로스'의 시도일 수도 있다. 과학기술의 진보 즉 태양전지의 진보는 그것을 가능하게 하였다. 여기서는 이제까지와는 좀 다른 필법으로 최신의 태양비행기에 대하여, 필자가 실제로 참가한 태양비행기의 개발과 북미대륙 횡단의 드라마와 함께 이야기해 보자.

표 7-3 태양비행기

솔라 챌린저호	전체 길이 : 9m 날개 길이 : 14.3m 모터 : 2.5마력(약 1.8kW) 태양전지 출력 : 2.6kW 기체중량 : 90kg	영불해협횡단(1981년) 거리 : 300km 비행시간 : 5시간 30분
솔라 HAPP	전체 길이 : 28m 날개 길이 : 97m 모터 : 5.5마력(약 4kW) 태양전지 출력 : ? 기체중량 : 900kg	1993년 실용화 예정 (NASA, 록히드사)

이야기는 돌연히 제기되었다

이야기는 비결정실리콘 태양전지의 연구를 시작하여 약 15년이 되려는 1985년 3월에 시작된다. 미국의 모험가인 에릭 레이먼드 씨의 그룹에서 태양전지를 동력으로 하는 비행기 시험제작에 관한 한 통의 편지가 필자에게 날아왔다. 태양비행기로 북미대륙을 횡단하고 싶다는 취지였다.

필자는 비결정실리콘 태양전지의 개발에서 나름대로 대담한 성능향상이나 상품개발을 발표하고 착실히 실행하여 왔으나, '높은 산맥'이 있고 '3500km' 이상이나 되는 거리의 북미대륙을 태양비행기로 횡단한다는 계획에는 크게 당혹하였다. 아무리 낙천적인 사나이라 할지라도 이것은 무리한 일이라고 생각하였다.

그렇지만 그 편지는 어쩐 일인지 필자의 책상 위에 그대로 놓인 채로 있었다.

사실 필자의 연구팀은 제3장 3절에서 이야기한 신형의 초경량급 비결정실리콘 태양전지를 그때 이미 개발하고 있었기 때문이다. 즉 투명플라스틱 필름에 비결정실리콘 태양전지를 직접 형성한 초경량·고성능 비결정실리콘 태양전지의 개발을 시작하고 있었다.

당시엔 주로 제3장 3절에서 이야기한 매우 가벼운 휴대용의 전원용으로서 개발을 진행하고 있었다. 편지 의뢰에 근거하여 개발담당자들과 회합도 하였으나, 당시의 실정으로는 1년 이내에 실용화할 수준에 이른다는 것은 아무래도 무리라는 결론이 나왔다.

즉 당시는 1센티각으로 1% 정도의 **변환효율**밖에 출력할 수 없었다. 10센티각으로 5% 정도는 꼭 필요하였다. 단념할 수밖에 없는 것일까. 그러나 지구환경문제를 생각할 때 태양빛으로 비행기를 날릴 수만 있다면 얼마나 멋진 일일까. 필자는 좀처럼 단념할 수가 없었다. 여전히 한 통의 편지는 필자의 책상 위에 놓인 채로 있다.

반짝이는 눈빛에 매료되어

1989년 4월 중순에 뜻밖의 전화가 걸려 왔다. 에릭의 그룹의 일본인 회원인 반바(番場健司) 청년이었는데 꼭 만나자는 것이었다. 며칠 후에 반바 씨가 찾아와 에릭 씨와 회원들의 상세한 계획과 그들의 태양비행기에 거는 열의를 들었다.

문제의 핵심은 태양전지와 그 에너지를 일시비축하는 이차전지의 성능이었다. 이차전지는 고용량형식의 니켈-카드뮴전지를 사용하면 충분하다는 결론에 이르렀다.

문제는 태양전지이다. 현재상태로는 불가능하다. 반바 청년과 이야기하고 있을 때 그의 반짝이는 눈동자에 드디어 나는 말려들어갈 것 같았다. 태양의 빛으로 하늘을 난다! 북미횡단, 자연파괴에 대항하는 태양전지연구팀의 메시지. 드디어 필자는 결심하였다. "하여튼 해봅시다!" 지금은 불가능하지만 신형초경량의 태양전지 개발을 가속화하자!

깃털같이 가벼운 초경량 비결정실리콘 태양전지의 개발

이 태양전지의 개발에서 가장 중요한 점은 초박막의 투명플라스틱 재료와 비결정실리콘 태양전지의 형성조건에 있다. 그 이유는 비결정실리콘 태양전지의 형성은 보통 300℃ 정도의 기판온도에서 진공 중에서의 플라스마 반응으로 이루어지기 때문이다. 이러한 조건에서는 유기기판 재료는 보통 배출가스를 발생하여 태양전지의 특성을 크게 저하시킨다. 신재료의 빛을 통과시키며, 내온도 성능을 보유하며, 또한 배출가스가 적은 플라스틱 필름이 필요로 하였다. 많은 시행착오를 걸쳐 약 2년이 걸려 개발에 성공하였다.

이미 제3장 3절의 사진으로 소개하였지만, 신개발품인 초경량 가변태양전지 '아몰톤필름'은 두께가 불과 0.2mm인 필름형의 비결정실리콘 태양전지로서, 1g당의 출력이 평균 0.2W(최고 0.275W)이며 중량당 출력으로는 인공위성용 고효율화합물 태양전지 모듈의 2배 정도로서 이제까지로는 최고값을 갖는 초경량의 태양전지를 완성하였다.

태양비행기 '민들레호'의 비밀

태양전지의 개발을 진행하고 있는 사이에 태양비행기 기체의 설계제작이 에릭의 회사 Solar Flight Reseach사에서 계속되었다. 그 기본원형은 인력비행을 기준으로 설계된 것으로 기본적으로는 초경량 비행기라 불리는 범주에 속하는 것이다.

사진 7-7로 기체의 외관을 볼 수 있다. 기체의 전후 전체 길이는 7m, 주날개의 폭은 17.5m이며 거의가 카본파이버(탄소섬유)로 만들어져 있고[일부 조정실은 글라스파이버(유리섬유)제], 중량은 불과 90kg이다.

기체의 특징은 주날개가 글라이더같이 크고, 대량의 태양

사진 7-7 태양비행기
(민들레호)

전지를 부착하는 데 유리하게 그리고 부력이 생기도록 되어 있다. 또한 프로펠러는 꼬리날개의 뒤에 달았는데, 이것은 적은 추진력으로 기체를 부상시키기 위해 이 위치를 선택하였다.

방향성과 안정성을 늘리기 위해서 꼬리날개의 하부에 큰 방향타가 있다. 아몰톤필름은 주날개, 꼬리날개 그리고 꼬리부리(tail boom)에도 부착되어 부착면적은 $8m^2$이고 출력은 300W이다.

태양전지의 총중량은 불과 1.5kg의 초경량이며, 특히 어려웠던 점은 태양전지를 기체에 부착하고 나서 그 표면의 공기저항을 극소화하는 것이었다. 많은 재료를 시험하고 나서 매우 공기저항이 적은 재료를 발견하였다. 그 결과로 글라이더로서의 비행성능이 활공비(滑空比) 30대 1이란 대단히 좋은 것이 제작되었다.

동력계의 구성은 그림 7-7과 같다. 아몰톤필름에 의해 주날개에 장착된 니켈-카드뮴 전지를 충전하고 배터리에 의해 모터를 회전시켜 프로펠러를 가동하여 이륙시의 추진력을 획득한다.

이 비행기는 '민들레호'(영어명 Sun Seeker)로 명명되었다. 배터리는 20A(암페어)의 전류를 약 10분간 모터에 공

7. 태양전지의 새로운 응용   183

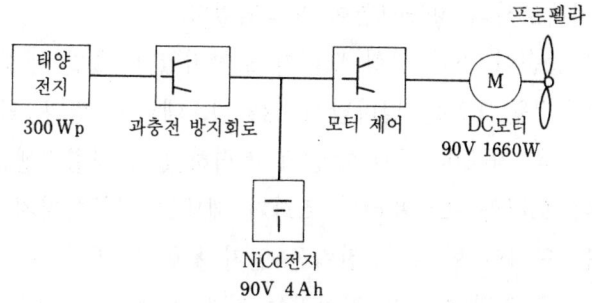

그림 7-7 태양비행기의 블럭도

급할 수 있는 용량을 갖고 있으며 그 사이에 민들레호는 이륙하여 고도 100~300m에 이른다. 민들레호는 그 후 선회하면서 써멀(열상승기류 ; 태양 에너지의 일종)를 타고 고도 600~4000m에 이르고, 그때부터 고도를 낮추면서 직진한다. 고도가 낮아진 데서 다시 열상승기류를 타고 고도를 높이는 방법을 반복하면서 비행을 계속한다. 즉 민들레호는 써멀로 획득한 높이의 에너지를 거리로 전환하면서 비행한다.

백조같이 날아올랐다

예정보다 좀 늦어 6월에 시험비행에 착수했다. 캘리포니아주의 레이크 엘시노아에 있는 에릭의 공장 근처에 있는 공항에서 시험을 하였으나 잘 뜨지 않는다. 추진력이 충분하지 않다. 태양전지의 성능은 예정대로이나 뜨지 않는다. 모터의 성능이 충분하지 않다. 변경할 필요가 생겼다. 신형의 고출력경량형 모터를 주문하였다. 도착할 때까지 기체의 글라이더로서의 성능시험이 계속되었다.

6월 중순이 지나 신형 모터가 도착되었다. 출발 예정일인 1990년 7월 1일은 얼마남지 않았다. 에릭의 팀과 필자의 팀은 밤을 지새며 기체 개량에 전력하였다. 시험비행을 하였으나 모터와 프로펠러의 조화가 제대로 이루어지지 않아 기체는 뜨기만 할 뿐 추진력을 얻지 못한다. 비행기를 띄운다는 것은 정말 어려운 일이라는 것을 알았다.

전원과 모터의 조화, 모터와 프로펠러의 조화 그리고 기체의 속도변화에 맞추어 프로펠러의 피치를 변화시키지 않으면 충분한 추진력이 생기지 않는다. 출발예정일인 7월 1일은 지났다. 여름이 지나면 기상조건이 나빠진다. 서둘러야 했다. 7월 10일경에 겨우 완성되었다.

7월 17일 캘리포니아의 데저트 센터에서 출발을 시도하였다. 태양 에너지로 프로펠러가 돌기 시작하였다. 기체는 천천히 활주하기 시작하였다. 날을 수 있을는지! 30m쯤 활주한 기체는 번쩍 날아오르고 프로펠러의 추진력으로 천천히 상승하였다. 200m 정도 상승하였을 때 강한 상승기류를 탄 기체는 마치 백조가 하늘을 날아오르는 듯이 힘차게 계속 상승하였다. 필자는 눈시울이 뜨거워지는 것을 느꼈다.

첫째날에는 데저트 센터에서 애리조나주로 약 400km의 거리를 순조롭게 날았다. 둘째날도 뉴 멕시코주까지 순조롭게 날았다. 그런데 셋째날에 뉴 멕시코의 로즈버그(Loseburg) 공항에서 이륙에 실패하고 주날개의 일부가 파손되어 캘리포니아로 되돌아와 기체의 수리개량을 하였다.

그리고 시험 후 8월 4일에 애리조나주 윌콕스(Willcox)

7. 태양전지의 새로운 응용　185

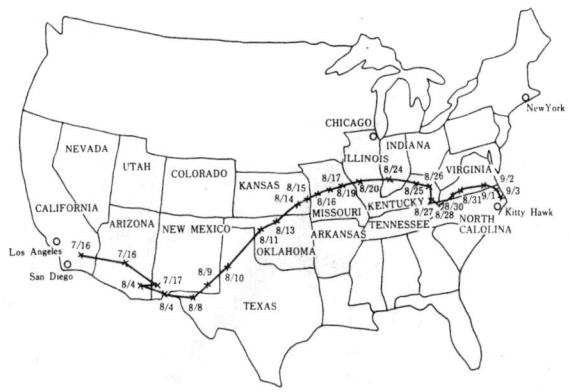

그림 7-8　민들레호의 비행경로와 일정

에서 재출발하였다. 그림 7-8은 약 1개월에 걸친 북미대륙 횡단비행의 전체 행로를 나타낸 것이다.

　텍사스주에 이른 후, 멕시코만으로부터의 강한 남풍에 밀려 북동으로 전진하였다. 그 후 일리노이주로 진출하고 최종 목적지인 노스 캘로라이나주의 키티 호크(Kitty Hawk)에 9월 3일에 도착하였다.

　총비행거리는 이 지그재그 비행 때문에 당초의 비행 예정 3500km보다 약 500km 많은 약 4000km에 이르렀다. 텍사스주에서 록키산맥을 넘을 때와 미시시피강의 지류가 합친 미조리주(써멀이 거의 없다) 상공을 넘을 때가 최대의 난관이었다. 사진 7-8은 사막 상공을 비행하는 민들레호이다. 대륙횡단에 소요된 시간은 24일간이다.

　그 사이 태양비행기는 항공거리 : 4000km, 최고고도 : 3900m, 비행시간 : 7시간 35분의 3개의 세계신기록을 수립할 수 있었다.

그림 7-8 사막 상공을 날으는 민들레호. 태양전지로 하늘을 난다!

민들레호는 인류에 대한 메시지

태양전지의 에너지로 북미대륙을 횡단하다…. 지금 생각해도 무모하다고 볼 수 있다. 그러나 새로 개발한 초경량 비결정실리콘 태양전지의 성능과 신소재를 사용한 비행기의 조합으로 그것이 실현되었다. 최종도착지로 선정한 키티호크는 라이트 형제가 1903년에 인류 최초의 비행기를 날린 장소이다. 그 비행거리는 불과 30~50m였다.

약 100년 후인 현재, 점보제트기가 세계의 하늘을 비상하는 비행기 시대가 도래하였다. 누가 라이트 형제의 시대에 오늘의 비행기 시대를 예측하였겠는가. 태양빛으로 가정의 에너지를 충당하고 차를 몰고 하늘을 날으는 것은 우리 인류에게 있어서는 꿈이다. 태양비행기로의 비행은 현시점에서는 아직도 모험꾼이 도전할 과제이기는 하다.

그러나 라이트 형제의 비행기가 그랬듯이, 걸음마단계라 할지라도 지구환경의 주요인인 화석연료에 의존하지 않는 태양 에너지로 날으는 비행기도 기술의 혁신과 사람들의 뜨거운 기대와 노력이 있다면 반드시 실현될 시대가 올 것이라 믿는다.

7-6 태양전지의 응용상품, 앞으로 어떤 것이 출현할까

기본적으로 전기로 움직일 수 있는 것이라면 무엇이든 태양전지의 응용이 가능하다. 그리고 배터리나 인버터와 조합하면 언제든지 어디에서든지 손쉽게 이용할 수 있다.

탁상용전자계산기와 손목시계를 비롯하여, 지붕기왓장이나 창문 등의 건재, 에어콘 등의 가전제품 혹은 자동차와 비행기 같은 운송기관에도 태양전지의 응용개발이 착실히 전개되고 있다. 평소 무심히 사용하는 탁상전자계산기도 거의가 태양전지로 작동된다. 하늘 멀리 상공에 위치하는 인공위성도 그 전원으로 태양전지가 활약하고 있으므로 위성방송을 즐길 수 있는 시대가 되었다.

1990년대는 본격적으로 태양빛 발전을 시작하는 해이다. 법제도가 개혁되고 우리들 주변에서도 서서이 태양빛 발전장치에 익숙해질 것이다. 태양에어콘이나 지붕 위의 기왓장이 전기를 만들어 낼 것이다.

그림 7-9같이 태양전지를 이용하여 시가지를 태양자동차나 태양자전거가 달리고, 가로등이나 도로표지판이 빛을 내

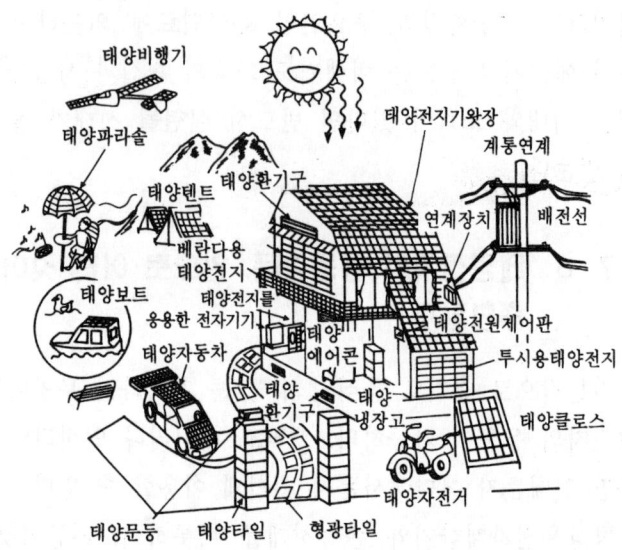

그림 7-9 태양전지의 응용 예. 가까운 장래에 태양전지는 우리 생활의 모든 면에 응용될 것이 예상된다.

사진 7-9 태양비행선

고, 바다에는 태양요트, 하늘에는 태양비행기나 사진 7-9에서 보는 것 같은 태양비행선이 뜨는 그러한 광경이 눈앞에서 아물거린다.

　독자 여러분들도 무엇인가 새로운 아이디어로 '태양(솔라)시대'에 참가하여 주었으면 하고 필자는 바라고 있다. 앞으로, 제8장에서 설명하는 세계적 대규모 태양빛 발전시스템의 시대가 도래할 것이다. 어린아이가 씩씩한 어른으로 성장하는 과정을 지금 태양전지는 꾸준하게 걸어나가고 있다. 그 한발짝 한발짝은 바로 우리 인류가 직면하는 지구환경문제나 에너지 문제를 해결하기 위한 끊임없는 전진이기도 하다.

8. 태양빛 발전과 미래사회 -「제네시스 계획」

8-1 세계의 태양빛 발전 보급의 실태

　세계적으로 태양빛 발전은 아직 여명기라 할 수 있다. 그러나 이미 선진적인 태양빛 발전장치가 설치되어 발전하고 있는 곳도 있다.

　주택용으로는 세계에서 최초인 태양마을(solar village)이 미국 애리조나주의 슈츄리 인디언마을에 1973년에 설치되었다. 이 마을의 규모는 15가족 95명이며 3.5kW의 태양전지로 각 가정의 전기를 충당한다.

　그 후 미국에서는 1973년의 오일쇼크를 계기로 DOE(미국 에너지성)의 후원으로 태양빛 발전시스템의 개발이 진행되었다. 1980년의 DOE 사업계획의 하나로 비버리고등학교에 100kW 시스템이 건설되었다. 이 학교 소비전력의 약 9%를 태양전지에서 공급하고 나머지는 계통과의 연계에 의해 상용전력으로 충당하고 있다.

　1982년 4월에는 애리조나주 스카이하버국제공항의 225.5kW 집광형 태양빛 발전시스템이 운전개시되었다. 태양빛은 렌즈에 의해 36배로 집광되고, 태양전지의 출력은 인버터를 통해 일반전력선으로 공급되고 있다.

　또한 1982년 말에는 알코 솔라사(현재의 시먼스 솔라사)에 의해 캘리포니아주에 세계에서 처음으로 1000kW급 태양빛 발전시스템이 가동개시하였다. 이 시스템에는 태양추미(追尾)장치가 설치되어 있으며, 이것으로 43%의 출력증가를 기할 수 있다고 한다. 발생한 전력은 인접한 남부 캘리포니아 에디슨사에 상용전력으로 팔고 있다. 그리고 다음에 설명하는 대로 미국에서는 장치의 규모대형화가 더욱 발달하여 1984년에는 세계 최대규모인 7000kW 집중형 태양빛 발전시스템이 출현하였다.

유럽에서도 EC위원회가 1975년 이래 태양빛 발전 분양 개발에 주력하고 있다. 대표적인 예로서 북해의 독일령 페루웜섬에 건설된 300kW 태양빛 발전시스템이 있으며 발전전력은 그 섬의 레크리에이션 센터에서 주로 소비되고 잉여전력은 전력회사의 배선망에 송전된다. 야간이나 악천후시에 대비한 충전시스템도 병용되고 있다. 또한 그리스의 키토노스섬에는 100kW 태양빛 발전시스템이 배치되어 풍력이나 디젤의 병렬운행으로 섬에 전력공급을 하고 있다. 그밖에도 유럽 각지에 수십~수백kW급의 발전시스템이 건설되어 있으며 벽지나 촌락의 전기보급, 농장용 전원 등으로서 응용되고 있다.

독일에서는 1991년 1월부터 태양빛 발전의 잉여전력을 전력회사 판매가격의 90%로 매수하게끔 되어 있다. 또한 연방과학기술성은 연방주, 전력회사와 협력하여 태양빛 발전의 유리한 점을 전국규모로 실증하기 위해, 상용전원과 연계한 소규모 태양빛 발전(1~5kW) 약 1000개의 설비를 연방(50% 보조)과 주의 자금(보통 20% 보조)으로 가옥의 지붕에 설치하는 계획이 있다.

그밖에 아시아, 아프리카 각지에서도 태양빛 발전시스템이 응용되고 있으며 이미 농장용 양수 시스템, 촌락의 전기공급, 의료시설의 전원, 담수화장치 등에 사용되고 있다. 특

사진 8-1 미국 시멘스 솔라사에 의한 세계 최대의 7000kW 태양빛 발전시스템(시멘스 솔라사 제공)

히 아프리카에서는 대규모로 사막화가 진행되는 사헤르지방에 대해 1989년에 EEC와 CILSS(아프리카대륙 한발대책위원회)의 합의에 따라 최대전력 1350kW의 양수용 전력을 태양빛 발전시스템으로 공급하는 사업계획이 착수되기에 이르렀다.

이처럼 태양빛 발전시스템의 건설은 아직은 전체로서는 규모는 크지 않으나 각국에서 착실히 진행되고 있다.

세계 최대의 태양빛 발전소

미국 캘리포니아주에 약 7000kW의 발전소가 1984년에 알코 솔라사에 의해 완성되었다. 사진 8-1에서 보는 것같이 사막에 가까운 토지에 많은 태양전지패널이 설치되고 발전하는 광경을 보고서 필자는 참으로 감격하였다. 그밖에 캘리포니아에는 또하나의 큰 계획이 있다. 연방정부, 주정부

8. 태양빛 발전과 미래사회 -「제네시스 계획」 195

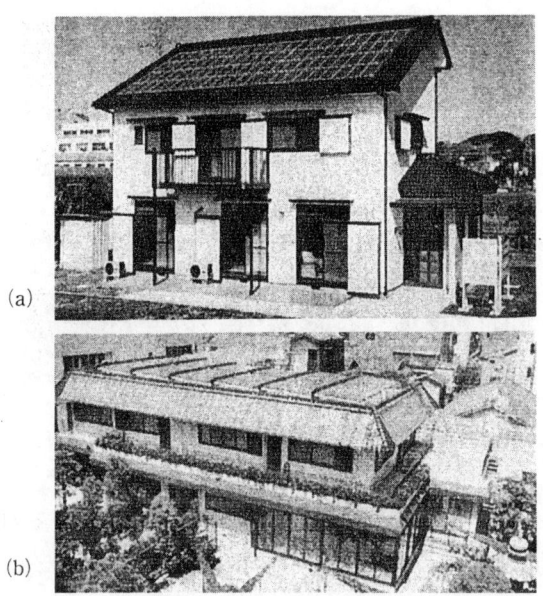

사진 8-2 (a) 개인주택용 시스템(3kW) [NEDP 제공]
(b) 세계 최초의 비결정 Si 태양전지 전력용시스템(2kW)

등이 중심이 되어 10만kW의 태양빛 발전시스템을 건설하려는 것이다.

일본에서의 실례

예로부터 무선중계국용으로 벽지에 설치되었던 전화, 라디오, 텔레비전, 마이크로파 중계소 등의 통신용으로 사용되었다. 국내나 해외에도 많은 응용 예가 있다. 전체로서 455 시스템 이상의 실적이 있다.

통신기기와 매우 비슷한 응용으로 기상용 텔레미터에의 응용이 있다. 이것은 4~400W 정도의 태양전지를 이용한

사진 8-3 집합주택용시스템(22kW) 〔NEDO 제공〕

예로서 각지의 기온, 우량, 풍향, 풍속 등의 기상조건 등을 전파의 형식으로 기지에 송신하는 것으로 유명한 것은 기상청의 '아메다스'가 있다. 전국적으로는 2500개소에 보급되어 있다.

개인주택용시스템으로는 선샤인 계획에 기초하여 NEDO(신에너지 산업기술총합개발기구)가 실험주택을 가나가와(神奈川)현의 요코스가(橫須賀)시에 건설하여 기술개발을 하였다.

이것은 3kW시스템으로 일본가옥 특유의 주택구조에 적합한 지붕패널형 태양전지 모듈의 개발을 한 것이다. 또한 인버터시스템으로서 전력계통과 항상 병렬로서 운전하는 방식이 채용되었다〔사진 8-2(a)〕.

1981년에 필자 등은 사진 8-2(b)에서 보는 것 같은 비결정실리콘 태양전지로 된 세계 최초의 2kW 가정용 발전시스템을 오사카(大阪)에 건설하였다.

8. 태양빛 발전과 미래사회—「제네시스 계획」 *197*

사진 8-4 소형 태양빛발전 실험용시스템〔간사이전력 : 록코아일란드(NEDO 위탁연구), NEDO 제공〕

사진 8-5 상공에서 본 시코쿠전력의 사이조 태양빛발전소〔1000kW시스템, NEDO 제공〕

또한 집합주택용시스템으로서 NEDO는 나라(奈良)현 덴리(天理)시에 22kW시스템을 건설하여 실험하였다(사진 8-3).

개인주택 100호에 태양빛 발전시스템을 사용한 실험이 진행중
1986년부터 간사이전력 록코아일랜드 실험센터는 NEDO의 개발위탁에 따라 개인주택 100호에 2kW의 태양빛 발전시스템을 도입할 경우, 개인주택에서 에너지 소비는 어떻게 되는가 또는 전력계통에 어떠한 영향이 나타나는가를 조사할 목적으로 실험을 실시하고 있다(사진 8-4). 실험으로는 전력품질, 안정성, 안전성에 관한 매우 중요한 실증시험이 실시되었다.

일본 최대의 1000kW 태양빛 발전시스템이 가동되고 있다
일본 최대의 태양빛 발전시스템이 에히메(愛媛)현 사이조(西條)시에 있다. 이 시스템은 NEDO의 개발위탁에 의해 중앙전력연구소와 시코쿠전력에 위탁된 것으로, 1981년부터 건설이 개시되어 1986년에 최종형태인 1000kW 시스템이 완성되었다(사진 8-5). 집중배치형 태양빛 발전시스템의 실용화에 필요한 시스템 구성기술, 운전제어기술, 시스템 보호기술이 확립되어 대규모 발전시스템의 기술적인 문제가 검토되었다.

8-2 태양빛 발전의 도입에 있어 무엇이 가장 큰 애로점인가

 이제까지 설명한 것같이 태양전지는 순조롭게 개발되고 있으나 태양전지를 더욱 폭넓게 보급하는 데 있어서는 몇 가지 과제가 남아 있다. 이미 3장, 4장에서 설명하였지만 하나는 태양전지의 성능과 가격에 관한 것이고 또하나는 행정적인 것이다.

〈기술과제〉
- 성능(변환효율)의 향상
- 신뢰성의 향상 : 현재의 20년 정도에서 30년 정도가 요망된다.
- 혁신적 생산수단의 개발 : 현재의 가격을 다시 한 자리 낮추기 위한 혁신적 생산수단의 개발이 요망된다.

〈제도적 과제〉
 행정적 과제에 대해서 약간 이야기해 보자.
 전에는 전기사업법 등으로 태양전지(30V 이상)를 설치하려면 통산성 장관의 인가를, 또한 시스템의 유지와 운영을 위해서는 전기주임기술자의 선임이 필요하였다. 그러므로 일반가정에 도입한다는 것은 우선 무리라고 할 수 있었다.
 그런 까닭에 법제도의 개정이 1990년에 이루어졌다. 이후로 500kW 미만의 시스템이면 설치할 때는 지방통산국에 신고하는 것만으로(100kW 미만이면 공사계획의 신고는 불필요), 또한 시스템의 유지에 대해서는 전기보안협회 등에 위탁하는 것으로 되었다. 이 개정에 의해 일반가정에서도 태양전지를 도입하기가 쉬워졌다.

그러나 아직 많은 과제가 있다. 태양전지에 의한 발전시스템을 쉽게 이용하기 위해서는 제4장 5절에서 설명한 것같이 계통연계방식이 필요하다. 그러므로 이것을 가능토록 하기 위한 지침 개정안이 검토되어 1991년 3월에 저압배전선과의 연계지침이 결정되고 그때까지의 고압배전선만이 아니라 전력회사의 배전선과의 연계가 가능하게 되었다.

나아가서 전기사업연합회는 1992년 4월부터 각 전력회사가 태양빛 발전을 도입한 가정 등에서 출력하는 잉여전력을 충전가격을 한도로 매수하는 방침이 정해졌다. 또한 소전력의 응용을 더욱 쉽게 하기 위하여 수kW 정도의 태양전지 시스템에 대해서 TV나 전기냉장고회사같이 제조회사에 보안의무를 부과하는 전기용품단속법의 대상으로 하는 것이 1991년 10월에 결정되고 태양에어콘이 발매되었다.

이처럼 태양전지를 사용하기 위한 조건은 갖추어지고 있으나 보급을 위한 최대과제는 뭐라 하여도 태양전지와 인버터 등의 주변기기의 가격이다.

제5장에서 설명한 것같이 보통의 전력요금에 비하면 5~10배 비싸다. 그러므로 중요한 것은 각 기업에서 가격인하의 노력과 정부의 지원이다. 기술개발에 대해서 일본의 선샤인 계획에서 보듯이 상당한 지원이 이루어지고 있으나 보급에 대해서는 아직 충분하다고 할 수 없다. 특히 유럽에서는 태양빛 발전시스템 가격의 50~70%를 공적기관에서 보조하는 제도가 있다.

한편 1992년부터 학교, 공용회관, 박물관 등의 공공시설 등에 태양빛 발전시스템을 도입할 경우에는 그 가격의 3분의 2를 NEDO를 통해 국가가 보조하고, 태양에어콘을 대상으로 하여 에너지 수급구조 개혁투자촉진세제로서, 일반기업에 대해서 설비취득 가격의 70% 상당의 세액 공제 또는 보통상각에 더하여 취득 가격의 30% 상당액의 특별상각을 인정하는 조세특별조치의 창설이 이루어질 예정이다.

지금까지에 비하면 한걸음 전진한 것이나 태양빛 발전시스템이 분산형이고 각 개인주택의 지붕에 설치한 형태로서 보급을 고려하면 일반 개인이 설치할 때에도 초기단계에서의 공적 보조가 반드시 필요하다.

제5장에서 설명한 것같이 태양빛 발전은 적절하게 시스템을 생각하면 국가의 기간(基幹) 에너지의 일익을 담당하는 잠재능력(포텐셜)이 있다. 국가가 현재 원자력발전에 기대하는 것과 같은 정도로 태양빛 발전 보급에 더욱 박차를 가한다면 초기 보급은 실현될 것으로 필자는 생각하고 있다.

이처럼 태양빛 발전시스템의 보급에 대한 행정적 과제에 관해서는 개선의 노력이 이루어지고 있으나, 1990년대에는 태양빛 발전시대의 막이 열리게 될 것이다.

8-3 정부개발원조(ODA)로 개발도상국의 에너지 확보를!

개발도상국의 에너지 확보는 앞으로의 경제발전, 공업화와 생활의 향상에 있어 가장 중요한 과제이며, 앞으로 화석연료의 소비가 대폭으로 증가할 것으로 보인다. 그러나 지구규모의 환경보전 측면에서 장래의 에너지 수요의 증가에 대해서는 될 수 있는 한 화석연료의 소비를 억제하고 깨끗한 태양빛 발전을 활용하는 것이 불가피하다. 전세계를 바라다보면 아직도 일상생활에서 전기의 혜택을 받지 못하는 지역과 사람들의 수는 방대하다. 이러한 사람들에게 태양빛 발전시스템을 공급할 수 있다면 얼마나 고마워하겠는가.

 태양빛 발전시스템은 가정에 전기를 공급하는 것을 비롯하여 음료수나 소규모 관개를 위한 양수펌프, 학교나 진료소의 전원, 도로조명 등 그 유효성과 필요성은 개발도상국이 선진국보다 더욱 높다.

 이러한 분야에 일본의 거액 정부개발원조(ODA) 자금의 일부를 환경 ODA자금으로 투입하여 개발도상국의 생활향상과 환경보전에 기여하고 태양빛 발전시스템 이용의 기술이전을 도모하는 것은 선진기술국인 일본의 사명이기도 하다. 필자의 생각으로는 우선 일본에 태양빛 발전시스템의 기술훈련을 하는 태양빛 발전 국제교류센터를 설치했으면 하는 것이다.

 그리고 개발도상국의 기술자들이 센터에 와서 훈련을 받게 한다. 귀국할 때 어느 정도 규모의 태양빛 발전시스템을 갖고 귀국하여 그 나라에 훈련센터를 설치한다. 그 훈련센터를 거쳐서 계속적인 원조를 한다.

 90년도 일본의 ODA자금은 1조 4500억엔이며, 그 중에 20%를 사용하여 태양전지를 도입하면 페루의 전기가 들어가지 않는 가정 300만호를 도와줄 수 있다.

8-4 전세계 에너지를 태양전지로 충족시키려면

태양의 에너지는 방대하다. 그러므로 태양전지를 사용한 태양빛 발전시스템으로 전세계의 에너지를 충족시키는 것을 생각해 보면 어떨까. 필자는 어림잡아 계산해 보았다.

우선 태양전지는 표 8-1같이 지구상에서 비교적 일사조건이 양호한 지역에 설치하는 것으로 가정한다. 또한 세계의 1차 에너지 소비량은 1990년에 석유로 환산하여 연간 약 104억kℓ로 하였다. 이 소비량을 근거로 앞으로 연 3%의 신장을 가정하여 2000년, 2050년, 2100년의 전세계 에너지 소비량을 계산하면 표 8-2같이 2000년에서 연간 약 140억kℓ로 계산된다.

그런데 1차 에너지는 열로서 직접 소비되므로 단순히 태양빛 발전에너지와 대비되는 것(열원분)과, 한번 발전에 투여되어 전력으로 변화된 후에 소비되므로 발전효율을 곱한 것이 태양빛 발전에너지에 대비되는 것(발전분)이 있어 그 구성비에 따라 필요한 시스템영역이 다르다.

이 구성비를 2000년에는 발전분 30%, 열원분 70%로 상정하면 이것을 충족하기 위한 태양전지의 설치면적은 태양빛 발전시스템의 변환효율을 10%로 가정하여 발전분에서 8.5만km^2, 열원분으로 56.6만km^2 합쳐서 65.1만km^2로 충분하다. 이것은 807km×807km의 면적에 해당한다.

즉 도쿄-히로시마 사이의 길이에 해당하는 사방형으로 충분한 것이다. 말하자면 지구 전체 사막 면적의 약 4% 정도가 된다.

표 8-1 계산에 사용된 일사조건

```
○ 일사강도
  최대 860kcal/m²h(=1.00kW/m²)
  평균 610kcal/m²h(=0.71kW/m²)
○ 일사시간
  연간 일조일수 329D(연간 일수의 99%로 본다)
  유효 일조일수 8h/D(평균 일사강도 환산)
○ 연간일사량
  1.606×10⁶kcal/m²·h
  평균 일사강도 × 연간 일사시간
  =610kcal/m²·h×329D/y×8h/D
  =1.606×10⁶kcal/m²·y
```

표 8-2 세계의 에너지 소비예측과 태양전지 시스템 지역 환산

기준 : 1990년 세계의 1차 에너지 소비량 180×10^6 B/D

➡ 연간 180×10^5 (B/D) $\times 365$ (D/y) $\times 0.159$ (kl/B) $= 1.0446 \times 10^{10}$ kℓ/y

년	소비 신장율 (%/년)	1차 에너지 소비량 (원유 환산) ($\times 10^{10}$kℓ/y)			시스템효율 (η) (%)	발전효율 (α) (%)	원유환산계수 (kℓ/m²·y)		필요태양전지 시스템 에리어 ($\times 10^{10}$m²)			시스템 에리어 점유율을 50%로 하여 여유있게 예측하는 경우 ($\times 10^{10}$m²)
		전소비량 (A)	발전분 (A₁)	열원분 (A₂)			단순환산 (B₁)	발전용 원유환산 (B₂)	발전분 (A₁/B₂)	열원분 (A₂/B₁)	전면적 (넓이) :km 사방)	(넓이):km 사방
1990	3	1.045	0.261 (25%)	0.784	10	35	0.01736	0.04960	5.26	45.16	50.42 (710)	100.82 (1004)
2000	〃	1.404	0.421 (30%)	0.983	10	35	0.01736	0.04960	8.49	56.62	65.11 (807)	130.2 (1141)
2050	〃	6.157	2.155 (35%)	4.002	15	40	0.02604	0.06510	33.10	153.69	186.79 (1367)	375.58 (1933)
2100	〃	26.990	10.796 (40%)	16.194	15	50	0.02604	0.05208	207.30	621.89	829.19 (2880)	1658.38 (4072)

실제의 시스템 건설에 있어서는 주변에 녹지나 도로 그리고 발전소건물 등의 여유면적을 고려할 필요가 있으므로 위의 면적의 1.5~2배의 부지를 고려하는 것이 타당하다고 여겨진다.

어찌되었건 사막이나 해상면적 등을 포함하여 생각하면 충분히 확보될 수 있는 넓이라고 할 수 있을 것이다.

8-5 인류를 구하는 전세계 에너지 공급시스템 -「제네시스 계획」

태양빛 발전시스템에도 약점이 있다. 태양전지는 태양빛이 없는 밤에는 발전할 수 없으며 비가 오거나 구름이 낀 날은 출력이 떨어진다. 이 명제에 대해 최근에 과학기술 분야에서 커다란 해결책이 된 고온초전도재료가 발견되었다.

이제까지 −270℃ 정도에서만 생기던 초전도현상(전기저항이 0으로 되는 현상)이 새로운 세라믹계의 신소재를 사용하므로 액체질소의 온도(−196℃)에서 일어난다는 것을 알게 되었다.

즉 상온에서 저항손실이 없는 전력 케이블의 실현이 가능하게 되었다. 그러므로 필자 등은 다음과 같은 시스템을 제안하고 있다.

우선 지구상의 각지에 태양빛 발전소를 분산배치한다. 그리고 이들 발전소를 초전도 케이블로 연결한다. 그림 8-1같이 전세계의 네트워크가 이루어지면 낮 지역에서 밤 지역으로 에너지 수송이 가능하다. 지구의 남북방향에도 네트워크

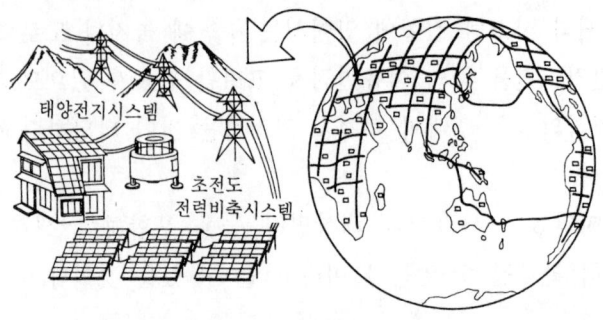

그림 8-1 태양전지와 초전도 케이블에 의한 세계적 태양빛 발전 시스템. 이러한 체계가 이루어지면 21세기는 깨끗한 에너지 시대가 된다. 제네시스(genesis)에는 '창세기'란 뜻도 포함되어 있다.

를 넓히면, 가령 일부 지역에 비가 오거나 밤이라도 시스템 전체로서는 항상 전기를 획득 이용할 수 있다. 이것이 필자 등이 제안한 제네시스(GENESIS:Global Energy Network Equipped with Solar Cells and International Superconductor Grids)계획이다. 제네시스(구약성서의 '창세기'를 뜻함) 계획은 21세기의 깨끗한 에너지원의 확보를 향한 큰 꿈이다.

8-6 제네시스 계획을 실현하려면

이 제네시스 계획의 실현에는 몇 가지 과제가 있다. 기술적인 면으로 말하면 첫째 보다 고성능이고 저가격인 태양전지의 개발, 둘째로 고온초전도 케이블의 개발이 필요하다. 앞의 것은 일본에서 선샤인 계획으로 개발이 진행되고 있다.

최근에 일본 통산성에서 뉴 선샤인 계획이 입안되어, 기

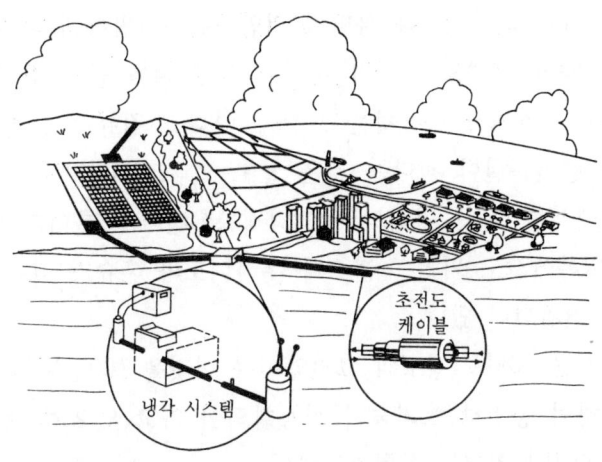

그림 8-2 초전도에 의한 전력수송 시스템

초물성연구를 통한 성능(변환효율)을 약 2배 향상시키는 동시에 신뢰성을 30년 이상 확보하는 태양전지가 개발되려고 하고 있다.

또한 이 제네시스 계획을 고려한 태양빛 발전시스템의 글로벌 네트워크 에너지 시스템(Global Network Energy System)을 초창기에 실현한다는 내용도 포함되어 있다. 또 초전도 케이블에 대해서는 1987년의 고온초전도 파이버에서 현재는 착실한 연구체제가 갖추어져 일본에서 각종 사업계획이 생기고 국제초전도연구센터 등이 설립되어 21세기를 향한 연구체제가 확립되었다.

고온초전도 케이블의 설치는 그림 8-2 같은 개념의 지하 케이블 방식으로 냉각제인 액체질소를 제조하는 에너지도 태양빛 발전시스템으로 충당한다. 만일 고온초전도 케이블의 실현이 늦어지거나 하면 고전압직류송전법이 있다. 현재 많은 양의 전력을 장거리 송전할 경우(예를 들어 1000km 이상), 가정에서 사용하는 교류가 아니고 직류로 송전하는 것이 송전손실이 적다는 것은 알고 있다. 그리고 유럽이나 미국에서는 이미 전력의 장거리직류송전이 이루어지고 있다. 일본에서도 거리는 짧으나 홋카이도와 혼슈가 직류송전으로 연결되어 있다.

현재는 50만V 정도의 고전압이나 이것을 100만V 정도로 승압하여 송전하는 기술이 실용화되어 가고 있으며 글로벌 에너지 네트워크는 실현가능하다.

8-7 전인류의 에너지를 제네시스 계획으로

만일 제네시스 계획 같은 범지구적인 태양빛 발전시스템이 이루어지면 에너지를 발생시키는 자원은 전혀 필요 없게 된다. 즉 연료가 불필요하고 방대한 태양의 에너지를 인류는 손에 넣게 된다.

전쟁은 물자의 쟁탈이 주요한 원인이다. 물자는 궁극적으로 에너지의 덩어리라 할 수 있다. 즉 전쟁은 에너지의 쟁탈로 생긴다고도 볼 수 있다. 비유해서 말해 철과 알루미늄의 값이 왜 다른가를 생각해 보면 잘 알 수 있다. 알루미늄을 만드려면 많은 전력 즉 에너지를 사용하므로 비싼 것이며, 물가는 극히 일부 보석이나 예술품을 제외하고는 그것을 만들거나, 수송하거나 하는 데 드는 에너지의 가격이라 할 수 있다.

만일 제네시스 계획이 이루어지면 인류는 에너지 문제에서 해방될 수 있게 된다. 그리고 제1장 1절에서 말한 앞으로의 인구증대에 대해서도 충분히 대응할 수 있는 에너지원을 갖게 된다. 특히 다행한 것은 개발도상국은 적도 부근에 많다. 거기는 태양 에너지의 혜택이 큰 곳이다.

8-8 언제까지 제네시스 계획을 실현하여야 하는가

앞에서 말한 대로 제네시스 계획을 실현하는 데는 몇 가지의 과제가 있다. 기술적인 과제말고도 세계가 평화로워야 가능하다고 지적하는 사람들이 있다. 그 지적은 대체로 옳은 것이다. 그러나 필자는 다음과 같은 것을 지적하고 싶다.

제1장에서 말한 대로 화석연료, 특히 석유 등의 에너지 자원의 고갈은 2020년부터 2030년, 즉 지금으로부터 30년에서 40년 후에는 확실하게 도래한다. 또한 그때까지도 지구환경의 파괴에서 자연체계의 파괴가 생기고 인류에 큰 영향이 나타날 것은 분명하다.

우리에게 주어진 시간은 그리 많지 않다. 적어도 2020년부터 2030년에는 그 기간 네트워크가 필요하게 된다. 이것에 반해 기술적인 과제로서 태양전지의 개발에 대해서는 거의 결론이 났다고 보아도 좋다. 초전도 케이블에 대해서는 아무리 해도 늦어진다면, 고전압직류송전법을 사용하면 된다. 나머지는 국가간의 경쟁문제이다.

그러나 1991년의 세계정세는 어떠한가. 1980년대는 예측하지 못했던 동서냉전 즉 미국, 서구와 구소련, 동구의 사상적 대립이 없어졌다. 베를린의 장벽은 하룻밤에 붕괴되었다. 일본과 인접한 남북한의 문제도 해결방향으로 움직인다. 그리고 지구 규모의 환경문제는 인류가 어떻게든 지구 규모로 문제해결에 임하지 않으면 안된다는 것을 시사하고 있다.

제네시스 계획은 이미 실현을 향해 나아가고 있다

제네시스 계획은 이미 구체적인 첫발을 내딛었다. 제네시스 계획은 '기우장대(氣宇壯大)'한 계획이므로 독자들 중에는 그 실현을 어떻게 할건가 하고 의문을 가질지 모르겠다. 그러므로 그 실현단계에 대하여 설명하여 보자.

필자는 3단계를 생각하고 있다.

첫째 단계는 태양전지를 사용한 소규모의 발전시스템의 실현이다. 제5장 7절에서 이야기한 대로 태양에어콘이나 지붕기왓장으로 대표되는 500W에서 3kW의 태양빛 발전시스템이 가정이나 공장을 중심으로 보급되고 그것이 전력회사의 전력선에 연결된 형태가 실현된다. 이것은 이미 1991년부터 시작되고 있다.

이러한 소규모 발전시스템이 일본 전국에 퍼졌다고 하자. 그림 8-3의 왼쪽 아래에 나타낸 것같이 태양빛 발전시스템이 전력선에 연결된 지역 에너지 시스템, 즉 로컬 에어리어 네트워크가 완성된다.

태양에어콘이나 기왓장 발전시스템을 일본뿐 아니라 한국이나 중국에도, 유럽대륙에도, 미대륙에도 보급시켜 나간

8. 태양빛 발전과 미래사회 ― 「제네시스 계획」 211

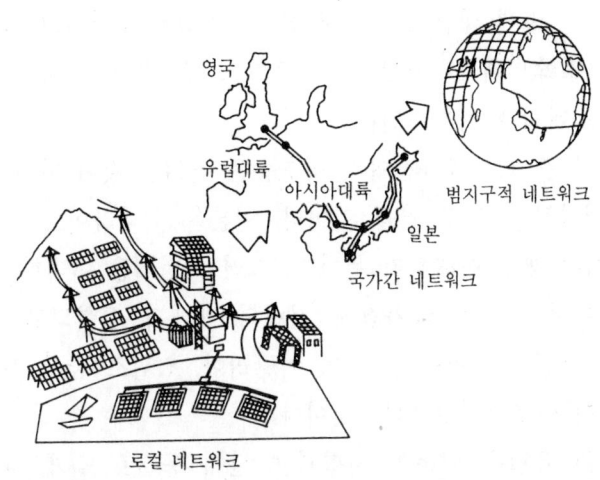

그림 8-3 제네시스 계획의 실현으로 향하는 단계

다. 그러면 각국에 태양빛 발전시스템이 전력계통에 이어진 로컬 에너지 시스템이 이루어진다. 이것이 제2단계의 완성이다.

다음에 제3단계로서 각국의 송전선을 연결한다. 예를 들어 일본의 규슈나 한국과의 거리는 해협을 건너 불과 200km미터밖에 되지 않는다. 도쿄전력의 후쿠시마(福島)원자력발전소와 도쿄는 약 250km 떨어져 있어, 그 정도의 거리는 일상적으로 전력수송을 하고 있다. 러시아와도 사할린 경유로 전력망을 연결할 수 있다. 일본과 한국을 전력선으로 연결하면 그림 8-3같이 국가간 에너지 네트워크가 이루어진다.

이것과 같은 방법을 북한과 중국 그리고 유럽으로 연장하면 범지구적 네트워크가 이루어진다. 적당한 시기에 사막과 같은 빈 땅에 대규모 태양빛 발전시스템을 설치하고 그것을 기간(基幹) 네트워크로 하여 초전도 케이블을 설치하면 제네시스계획은 이루어진다.

독자 중에는 국가간의 전력수송은 어려운 것이 아닐까 하고 생각하는 분도 있을 것이다. 일본은 섬나라이므로 좀처럼 이 문제를 이해하지 못한다. 그러나 현실은 어떠한가. 서유럽에서는 이미 국가간에 전력의 매매가 실현되고 있다. 예를 들면 프랑스에서 독일, 이탈리아, 스위스 등에 전력의 공급이 이루어지고 있는 것이다.

특히 유럽은 일본의 지형과는 달리 동서로 길게 나라가 위치하고 있어 주간의 최대수요전력의 시간대가 다르기 때문에 예로부터 수천km에 걸쳐 전력의 수송이 이루어지고 있다. 즉 유럽에는 이미 국가간 에너지 네트워크가 이미 실현되고 있다.

세계의 과학자가 찬동!

물론 이 제네시스 계획은 현재로는 아직 꿈이다. 이 계획을 1989년 오스트레일리아에서 개최된 제4회 태양빛발전 국제회의에서 발표하였을 때 많은 세계의 과학자가 동의의 뜻을 표하였다.

독일의 과학자는 "현재 이미 해저 케이블에 의한 텔레커뮤니케이션 글로벌 네트워크는 되어 있다. 제네시스 계획은 에너지 커뮤니케이션이다. 유럽은 이미 낮의 전력최대수요를 해결하기 위해 전력의 상호공급을 실시하고 있다. 실현성이 높다"라고 말해 주었다.

인도의 과학자는 "이것은 남북문제의 해결이 된다"고 말하였다. 미국의 과학자는 "매우 좋은 아이디어이다. 미일협력으로 해나가자"라고 말해 주었다.

만리장성과 제네시스 계획

1991년 6월 모처럼 필자는 중국 과학기술원의 초청으로 중국을 방문하여 대학과 연구기관에서 비결정실리콘 태양전지의 현재와 장래 그리고 제네시스 계획을 설명하였다. 그때 만리장성을 방문하였다. 베이징 가까이에서 보는 풍경은 각별하였다.

이때 필자는 얼핏 생각하였다. 이 만리장성은 지금으로부터 약 2200년 전에 진시황제에 의해 건설된 것이다. 많은 대중의 땀과 눈물로 건설된 이 장성의 길이는 6000km에 이른다고 한다. 아마 지상에서의 최대 건축물일 것이다. 필자가 제창한 제네시스 계획은 이것과 같은 범지구적 계획이다.

그러나 강대한 권력을 장악하고 있던 황제라 할지라도 인류는 틀림없이 6000km에 이루는 장성, 즉 라인을 건설한 것이다. 지구환경 문제나 에너지 문제를 생각할 때 현대의 우리 인류에게 있어 제네시스 계획은 그렇게 불가능한 일이 아니라는 것을 강하게 느꼈다.

필자는 지구본에 태양전지를 배치해 보았다(사진 8-6). 일본의 남쪽에는 호주의 사막, 중국, 인도에는 타알사막, 서구의 남쪽에는 아프리카의 사막, 미국에는 애리조나같이 에너지원이 될 수 있는 광대한 지역이 있다는 것을 알게 되었다.

독자 여러분도 이 계획에 흥미를 갖고 연구개발에 동참해

사진 8-6 제네시스 계획의 지구본 모델

줄 것을 바란다.

8-9 수소에너지사회 「NEWS(New Energy World System) 계획」

앞에서 말한 것같이 21세기의 실현을 목표에 두고 제네시스 계획을 제안하였다. 이 계획은 전기를 중심으로 생각한 에너지 사회에 있다. 에너지의 다양화와 앞으로 에너지 저장원이 될 수소를 사용한 에너지 사회를 상정하여 태양빛 발전과 수소에너지 사회를 일체로서 생각해 보았다.

그것은 수소에너지 시스템과 전력송전시스템에 의해 범지구적으로 에너지 공급을 하려는 것으로 NEWS(New Energy World System) 계획이라 이름지었다. 그림 8-4는 NEWS 계획의 구상도인데 수소에너지시스템은 태양전지에서 획득한 전력으로 물을 전기분해하여 생생한 수소를 에너

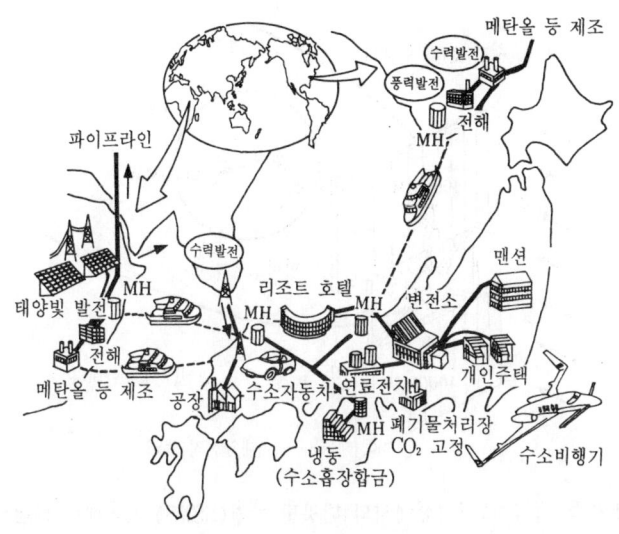

그림 8-4 NEWS 계획 상상도

지로서 이용하려는 것이다.

또한 수소흡장합금에 의한 수소저장·수송시스템을 비롯하여 수소를 에너지원으로 한 연료전지에 의한 발전, 또한 연료전지의 폐열과 수소흡장합금의 특성을 적절하게 조합하여 이용하는 냉동시스템 등이 포함된다. 상세한 것은 다른 기회에 설명하기로 하고 개요만을 나타내었다.

8-10 우주발전(發電)계획

태양전지를 우주에 도입하여 대규모로 발전하려는 계획도 있다. 위성발전계획 SSPS(Satellite Solar Power Station)란 계획이 미국에서 진행되고 있다. 그림 8-5같이 이

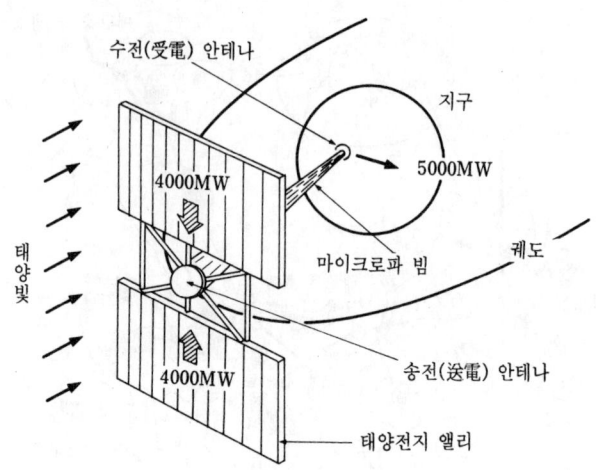

그림 8-5 우주 스테이션에서의 태양빛 발전(SSPS) 시스템의 개념도

것은 인공위성으로 수백만kW의 태양전지를 우주에 쏘아올려 전력을 마이크로파로 지상으로 송전하려는 것이다. 물론 이것도 초전도 케이블 네트워크에 의해 지상의 어느 지역에도 송전이 가능한 것이다.

끝으로

 태양전지를 사용한 새로운 에너지 시대가 도래하려 한다. 그러나 태양전지에 대해서 일반인들이 이해하는 데 적당한 책이 없었다. 그러므로 알기 쉽게 하기 위해서 나름대로 간략화하여 계산하였거나 표현한 부분이 있다.
 이 분야는 계속 학문적으로도 공업적으로도 진행되고 있으므로 시대와 함께 더욱 발전할 것이다. 이 책이 특히 이 분야에 흥미를 갖고 태양전지를 사용해 보고 싶다고 생각하는 사람들이나, 앞으로 이 분야에 입문하고자 하는 사람들의 이해를 넓히는 데 조금이라도 도움이 되었으면 하고 필자는 바라고 있다.

찾아보기

〈ㄱ〉

가채매장량 20
  궁극- 23
  확인- 20, 23
가채연수 19
개방전압(V_{oc}) 91
개인주택용 시스템 196
계통연계 110, 150
계통연계시스템 109, 150
고온초전도재료 205
고전압직류송전법 208
고정형 앨리 방식 54
곡선인자(F.F.) 93
국가간 에너지 네트워크 211, 212

〈ㄴ〉

납 축전지 117
뉴 선샤인 계획 207
NEWS(New Energy World System) 계획 214
니켈-카드뮴 전지 115

〈ㄷ〉

다결정실리콘 태양전지 44
단결정실리콘 태양전지 42
단락전류(I_{sc}) 92
대기층 11
독립시스템 56, 109
독립용 전원 105
동작전류(I_{op}) 92
동작전압(V_{op}) 92
동작점 92
뒷면 코트 51

〈ㄹ〉

로컬 에어리어 네트워크 210
리본법 45

찾아보기 219

〈ㅁ〉

모듈 48
미국에너지성(DOE) 39

〈ㅂ〉

반고정형 앨리 방식 55
반도체 32
　-의 광전효과 33
　n형- 33, 112
　p형- 33, 112
발전비용 147
범지구적 네트워크 211
벼농사의 변환효율 131
변환효율 34, 62
병용운전시스템 161
비결정실리콘 46
　-태양전지 46, 135
　-태양전지의 특징 47
비용절감 149

〈ㅅ〉

사막화 10
산란광 59
산성비 10, 15

서브스트레이트 방식 50
선루프 73
선샤인 계획 39
세계의 에너지 소비량 22
셀 48
소프트에너지 패스 28
솔라 파크 라이드 177
수소에너지시스템 215
수소에너지사회 214
수소저장·수송시스템 215
슈퍼스트레이트 방식 50
슬레이트식 태양전지기왓장 70
신에너지 산업기술총합개발기구(NEDO) 39

〈ㅇ〉

IEA(국제에너지기구) 20
I-V 곡선 92, 97
앨리 48, 56
양공 32, 112
에너지 저장 113
에너지 회수연수 135
AM-1.5 97
연계시스템 56

오존층의 파괴 10
옥내용 태양전지 카탈로그 94
옥외용 태양전지 카탈로그 97
온도특성 95, 99
온실효과 16
우주발전계획 215
위성발전계획 SSPS (Satellite Solar Power Station) 215
이산화탄소 농도 17
인구증가 21
인버터 87
　-의 원리 87
　-의 효율 149
일본의 전력 총수요 128

〈ㅈ〉

자기방전 115
전기보안협회 108, 199
전기사업법 107, 199
전기요금 142
전기용품단속법 108, 200
전기주임기술자의 선임 108, 199
전기 이중층 콘덴서 114
전세계 에너지 공급시스템 205
전자 32, 112
제네시스(GENESIS) 계획 206
조도특성 95, 98
지구 온난화 10, 15
지구환경문제 10
지하케이블방식 207
직달광 59
집광형 55
집적형 비결정실리콘 태양전지 52, 97
　-Type I 97
　-Type II 97
집합주택용 시스템 198

〈ㅊ〉

초경량 비결정실리콘 태양전지 180
초전도 케이블 205
초전도현상 205
최대출력(Pmax) 92

최적동작전류(I_{op}) 92
최적동작전압(V_{op}) 92
최적동작점 92
추적방식 55
축전기능 38
축전지 87
　―의 성능비교표 118
출력특성 94, 97, 101
출력특성표 91, 100
충전재료 51

〈ㅋ〉

캐스트법 45
콘덴서 113

〈ㅌ〉

탄소세 143
태양 25
태양깡통압착기 166
태양냉장고 164
태양보트 167
태양비행기 178
태양빛 발전 55, 192
태양빛 발전 기술연구조합 39

태양빛 발전장치 54, 57
태양에너지 25
태양에어콘 160
태양자동차 170
태양자동차 충전소 176
태양자전거 174
태양전지가 달린 라디오 104
태양전지가 달린 탁상전자계산기 104
태양전지 기왓장 66
태양전지 뗏목 129
태양전지 모듈 48, 50
태양전지 발전시스템 59
태양전지 유리창 71
　―의 가격 63
　―의 개발과제 76
　―의 기본적인 선택방법 85
　―의 발전원리 32
　―의 변환효율 62, 77
　―의 생산량 63
　―의 성능 62
　―의 수명 76, 132

－의 신뢰성의 향상　76
－의 역사　40
－의 재료　41
－의 전자제품에 대한 응용　102
－의 제도적 과제　199
－의 제조법　41
－의 카탈로그　90
－의 카탈로그의 보는 방법　90
－의 특성　90
－의 특징　37
태양전지 타일　74

태양타운카　173
태양트럭　175
투명한 태양전지　71

〈ㅍ〉

펌프 시스템　106
평균일사시간　124
플랫 패널형　54
pn접합　34
pin층　47

〈ㅎ〉

화석연료　13

태양전지를 익숙하게 다룬다
-태양전지가 개척하는 신세대-

초판 1994년 11월 15일
2쇄 2011년 6월 30일

옮긴이 편집부
펴낸이 손영일
펴낸곳 전파과학사
　　　　서울·서대문구 연희2동 92-18
등록　1956. 7. 23 / 제10-89호
전화　333-8877·8855
팩스　334-8092

www.s-wave.co.kr

ISBN 89-7044-172-7　03560

BLUE BACKS 한국어판 발간사

블루백스는 창립 70주년의 오랜 전통 아래 양서발간으로 일관하여 세계유수의 대출판사로 자리를 굳힌 일본국·고단샤(講談社)의 과학계몽 시리즈다.

이 시리즈는 읽는이에게 과학적으로 사물을 생각하는 습관과 과학적으로 사물을 관찰하는 안목을 길러 일진월보하는 과학에 대한 더 높은 지식과 더 깊은 이해를 더하려는 데 목표를 두고 있다. 그러기 위해 과학이란 어렵다는 선입관을 깨뜨릴 수 있게 참신한 구성, 알기 쉬운 표현, 최신의 자료로 저명한 권위학자, 전문가들이 대거 참여하고 있다. 이것이 이 시리즈의 특색이다.

오늘날 우리나라는 일반대중이 과학과 친숙할 수 있는 가장 첨경인 과학도서에 있어서 심한 불모현상을 빚고 있다는 냉엄한 사실을 부정할 수 없다. 과학이 인류공동의 보다 알찬 생존을 위한 공동추구체라는 것을 부정할 수 없다면, 우리의 생존과 번영을 위해서도 이것을 등한히 할 수 없다. 그러기 위해서는 일반대중이 갖는 과학지식의 공백을 메워 나가는 일이 우선 급선무이다. 이 BLUE BACKS 한국어판 발간의 의의와 필연성이 여기에 있다. 또 이 시도가 단순한 지식의 도입에만 목적이 있는 것이 아니라, 우리나라의 학자·전문가들도 일반대중을 과학과 더 가까이 하게 할 수 있는 과학물저작활동에 있어 더 깊은 관심과 적극적인 활동이 있어 주었으면 하는 것이 간절한 소망이다.

1978년 9월
발행인 孫 永 壽

도서목록

BLUE BACKS

① 광합성의 세계
② 원자핵의 세계
③ 맥스웰의 도깨비
④ 원소란 무엇인가
⑤ 4차원의 세계
⑥ 우주란 무엇인가
⑦ 지구란 무엇인가
⑧ 새로운 생물학
⑨ 마이컴의 제작법(절판)
⑩ 과학사의 새로운 관점
⑪ 생명의 물리학
⑫ 인류가 나타난 날 I
⑬ 인류가 나타난 날II
⑭ 잠이란 무엇인가
⑮ 양자역학의 세계
⑯ 생명합성에의 길
⑰ 상대론적 우주론
⑱ 신체의 소사전
⑲ 생명의 탄생
⑳ 인간영양학(절판)
㉑ 식물의 병(절판)
㉒ 물성물리학의 세계
㉓ 물리학의 재발견〈상〉
㉔ 생명을 만드는 물질
㉕ 물이란 무엇인가
㉖ 촉매란 무엇인가
㉗ 기계의 재발견
㉘ 공간학에의 초대
㉙ 행성과 생명
㉚ 구급의학 입문(절판)
㉛ 물리학의 재발견〈하〉
㉜ 열번째 행성
㉝ 수의 장난감상자
㉞ 전파기술에의 초대
㉟ 유전독물
㊱ 인터페론이란 무엇인가
㊲ 쿼 크
㊳ 전파기술입문
㊴ 유전자에 관한 50가지 기초지식
㊵ 4차원 문답
㊶ 과학적 트레이닝(절판)
㊷ 소립자론의 세계
㊸ 쉬운 역학 교실
㊹ 전자기파란 무엇인가
㊺ 초광속입자 타키온
㊻ 파인 세라믹스
㊼ 아인슈타인의 생애
㊽ 식물의 섹스
㊾ 바이오테크놀러지
㊿ 새로운 화학
(51) 나는 전자이다
(52) 분자생물학 입문
(53) 유전자가 말하는 생명의 모습
(54) 분체의 과학
(55) 섹스 사이언스
(56) 교실에서 못배우는 식물이야기
(57) 화학이 좋아지는 책
(58) 유기화학이 좋아지는 책
(59) 노화는 왜 일어나는가
(60) 리더십의 과학(절판)
(61) DNA학 입문
(62) 아몰퍼스
(63) 안테나의 과학
(64) 방정식의 이해와 해법
(65) 단백질이란 무엇인가
(66) 자석의 ABC
(67) 물리학의 ABC
(68) 천체관측 가이드
(69) 노벨상으로 말하는 20세기 물리학
(70) 지능이란 무엇인가
(71) 과학자와 기독교
(72) 알기 쉬운 양자론
(73) 전자기학의 ABC
(74) 세포의 사회
(75) 산수 100가지 난문·기문
(76) 반물질의 세계
(77) 생체막이란 무엇인가
(78) 빛으로 말하는 현대물리학
(79) 소사전·미생물의 수첩
(80) 새로운 유기화학
(81) 중성자 물리의 세계
(82) 초고진공이 여는 세계
(83) 프랑스 혁명과 수학자들
(84) 초전도란 무엇인가
(85) 괴담의 과학
(86) 전파란 위험하지 않은가

도서목록

BLUE BACKS

87 과학자는 왜 선취권을 노리는가?
88 플라스마의 세계
89 머리가 좋아지는 영양학
90 수학 질문 상자
91 컴퓨터 그래픽의 세계
92 퍼스컴 통계학 입문
93 OS/2로의 초대
94 분리의 과학
95 바다 야채
96 잃어버린 세계·과학의 여행
97 식물 바이오 테크놀러지
98 새로운 양자생물학
99 꿈의 신소재·기능성 고분자
100 바이오테크놀러지 용어사전
101 Quick C 첫걸음
102 지식공학 입문
103 퍼스컴으로 즐기는 수학
104 PC통신 입문
105 RNA 이야기
106 인공지능의 ABC
107 진화론이 변하고 있다
108 지구의 수호신·성층권 오존
109 MS-Windows란 무엇인가
110 오답으로부터 배운다
111 PC C언어 입문
112 시간의 불가사의
113 뇌사란 무엇인가?
114 세라믹 센서
115 PC LAN은 무엇인가?
116 생물물리의 최전선
117 사람은 방사선에 왜 약한가?
118 신기한 화학매직
119 모터를 알기쉽게 배운다
120 상대론의 ABC
121 수학기피증의 진찰실
122 방사능을 생각한다
123 조리요령의 과학
124 앞을 내다보는 통계학
125 원주율 π의 불가사의
126 마취의 과학
127 양자우주를 엿보다
128 카오스와 프랙털
129 뇌 100가지 새로운 지식

130 만화수학소사전
131 화학사 상식을 다시보다
132 17억 년 전의 원자로
133 다리의 모든 것
134 식물의 생명상
135 수학·아직 이러한 것을 모른다
136 우리 주변의 화학물질
137 교실에서 가르쳐주지 않는 지구이야기
138 죽음을 초월하는 마음의 과학
139 화학재치문답
140 공룡은 어떤 생물이었나
141 시세를 연구한다
142 스트레스와 면역
143 나는 효소이다
144 이기적인 유전자란 무엇인가
145 인재는 불량사원에서 찾아라
146 기능성 식품의 경이
147 바이오 식품의 경이
148 몸속의 원소여행
149 궁극의 가속기 SSC와 21세기 물리학
150 지구환경의 참과 거짓
151 중성미자 천문학
152 제2의 지구란 있는가
153 아이는 이처럼 지쳐 있다
154 한의학에서 본 병아닌 병
155 화학이 만드는 놀라운 기능재료
156 수학 퍼즐 랜드
157 PC로 도전하는 원주율
158 사막의 낙타는 왜 태양을 향하는가
159 PC로 즐기는 물리 시뮬레이션
160 대인관계의 심리학
161 화학반응은 왜 일어나는가
162 한방의 과학
163 초능력과 기의 수수께끼에 도전한다
164 과학·재미있는 질문 상자
165 컴퓨터 바이러스
166 산수 100가지 난문·기문 3
167 속산 100의 테크닉
168 에너지로 말하는 현대 물리학
169 전철 속에서도 할 수 있는 정보처리
170 슈퍼 파워 효소의 경이

도서목록

현대과학신서

- A1 일반상대론의 물리적 기초
- A2 아인슈타인 I
- A3 아인슈타인 II
- A4 미지의 세계로의 여행
- A5 천재의 정신병리
- A6 자석 이야기
- A7 러더퍼드와 원자의 본질
- A9 중력
- A10 중국과학의 사상
- A11 재미있는 물리실험
- A12 물리학이란 무엇인가
- A13 불교와 자연과학
- A14 대륙은 움직인다
- A15 대륙은 살아있다
- A16 창조 공학
- A17 분자생물학 입문 I
- A18 물
- A19 재미있는 물리학 I
- A20 재미있는 물리학 II
- A21 우리가 처음은 아니다
- A22 바이러스의 세계
- A23 탐구학습 과학실험
- A24 과학사의 뒷얘기 I
- A25 과학사의 뒷얘기 II
- A26 과학사의 뒷얘기 III
- A27 과학사의 뒷얘기 IV
- A28 공간의 역사
- A29 물리학을 뒤흔든 30년
- A30 별의 물리
- A31 신소재 혁명
- A32 현대과학의 기독교적 이해
- A33 서양과학사
- A34 생명의 뿌리
- A35 물리학사
- A36 자기개발법
- A37 양자전자공학
- A38 과학 재능의 교육
- A39 마찰 이야기
- A40 지질학, 지구사 그리고 인류
- A41 레이저 이야기
- A42 생명의 기원
- A43 공기의 탐구
- A44 바이오 센서
- A45 동물의 사회행동
- A46 아이적 뉴턴
- A47 생물학사
- A48 레이저와 홀러그러피
- A49 처음 3분간
- A50 종교와 과학
- A51 물리철학
- A52 화학과 범죄
- A53 수학의 약점
- A54 생명이란 무엇인가
- A55 양자역학의 세계상
- A56 일본인과 근대과학
- A57 호르몬
- A58 생활속의 화학
- A59 셈과 사람과 컴퓨터
- A60 우리가 먹는 화학물질
- A61 물리법칙의 특성
- A62 진화
- A63 아시모프의 천문학입문
- A64 잃어버린 장
- A65 별·은하·우주

도서목록

현대과학신서

※ 빠진 번호는 절판된 것임

- ⑲ 현대물리학입문
- ㉗ 중성자 이야기
- ㉙ 식물과 물
- ㊺ 연금술
- ㊽ 양자생물학
- ㊾ 동물의 형태형성(개정판)
- ㉛ 인간의 행동은 고쳐질 수 있는가?
- ㉛ 한국의 자연보호
- ⑯ 의학과 철학의 대화
- ⑱ OR 이란?
- ⑩ 탐구적 과학지도기술
- ⑭ 과학교육과 인간성
- ⑫ 소프트 에너지

- ⑭ 우주의 종말
- ⑲ 과학기술과 연구시스템
- ⑳ 심장마비
- ㉛ 과학의 나무를 심는 마음
- ㉜ 소립자 연극
- ㉝ 원소의 작은 사전
- ㉞ 5차원의 세계
- ㊱ 광일렉트로닉스와 광통신
- ㊳ 화학의 기본 6가지 법칙
- ㊴ 꽃 속의 단물을 음미하는 아이들

과학선서

세계수학문화사
원은 닫혀야 한다
농토의 황폐
핵발전·방사선·핵폭탄
현대과학 어디까지 왔나
알기쉬운 미적분
암-그 과학과 사회성
바다-그 환경과 생물
엄마젖이 최고야!

현대 초등과학교육론
환경과학입문
연료전지
임상적 사고진단기술

학생수학시리즈

① 수학의 토픽스(절판)
② 수학의 영웅들(절판)
③ 수학과 미술

④ 수학의 흐름
⑤ 위대한 수학자들